大ヒット連発の
バンダイナムコが
大切にしている
たった1つの
考え方

バンダイナムコホールディングス会長
石川祝男

サンマーク出版

はじめに

ナムコに入社して以来三八年、ヒットする商品、ヒットしない商品をずっと見つづけてきました。バンダイナムコの社長に就いてからは、赤字三〇〇億円というどん底を経験し、どんな状況でもヒットを生み出す「仕組み」や、ヒットを生み出す「人」の共通点を何度も何度も考えてきました。

そんな私が今、とにかく社員に伝えていることがあります。

それが、「**元気よく暴走しなさい**」、ということです。

私はこの言葉を、近年、とくに大事にしています。

というのも、**予想を超えるような大ヒットは、個人の才能や能力によって生み出されるものではなく、結局のところ、たった一人の並々ならぬ「熱意」によって生み出されるものだからです。**しかし、多くの人がその熱意を維持し、大きな成果につなげていくことができません。でも、心の内にある熱意を、目に見えるたしかな結果につなげることは、誰にでもできることなのです。

いいかえると、ヒット作は誰にでも作れる、ということでもあります。

しかも、むずかしいノウハウや斬新《ざんしん》なアイデアが必要なわけでは決してなく、ちょっとした考え方ひとつで、生み出すことができるのです。

「そんなに簡単にできたら苦労しないよ」

「熱意だけあっても報われないよ」

そう思う人もいるかもしれません。

しかし、バンダイナムコを率いて一〇年間、そして業界に入って三八年間、絶えずヒット商品を見てきた私の、これが偽らざる答えです。

ちなみにこれは、石川祝男という、一人のビジネスマンが「生涯」を通じて得た実感でもあります。

今でこそ、社長を経て会長という立場に身を置いていますが、そのはじまりは、理系畑の会社ながら、四四人いる新入社員のなかではたった二人しかいない「文系」

という逆境からのスタートでした。入社式には遅刻していきなり大目玉をくらい、商品開発においては、自分が企画して日の目を見なかった案件は数知れません。会社に莫大な損害を与えたこともあり、長らく「結果を出せない社員」として時間を過ごしていました。

——でも、そんな私にも転機が訪れます。

それが「ワニワニパニック」というゲームでした。

このゲーム、「絶対に面白い！」という確信がありながらも、当初は上司に企画が通りませんでした。でもこのときばかりは、自分の内側にある、確信に似た「熱意」をどうしても収めることができず、動物スリッパとダンボールを買ってきて試作品を手作りし、上司の前で実演してみせて、ようやく企画として通すことができたのです。

おかげさまで「ワニワニパニック」は大ヒットを記録し、ゲーム業界では異例ともいえる、発売から二五年以上続くロングセラー商品となりました。

「ワニワニパニック」がそれほどの商品になった背景には、たしかに、アイデアの面白さもあったかもしれませんが、**それ以上に、「ボツ」にされた企画に対して「これは絶対にいけるはず！」という自分の「熱意」に従って「立ち向かった」ということが、単なる「ヒット」ではない「大ヒット」を生んだ要因だった**のではないかと考えています。

というのも、「大ヒット」といえるような仕事は、決して多数派のなかからは生まれないからです。

より正確にいうならば、

「ヒットは多数派から生まれ、大ヒットは少数派から生まれる」

という原則があるからです。

これはゲーム業界に特化したことでもなければ、ソフト産業だけにかぎった話でもありません。**どんな仕事でも、業界や会社の歴史に残るような大きな成果というのは、初めは十人中、反対する人が七人はいるような、少数派のなかから生まれます。**

それでも自分の企画や商品、仕事のやり方に自信をもち、熱意をもって臨めるかどうか。そこでビジネスマンとしての仕事を見定められてもいるし、そのときの熱意の大きさが、人を巻き込む力となって成否を決定づけるのです。

バンダイナムコは統合した直後、三〇〇億円もの赤字を出し、「どん底」ともいえる危機を迎えました。でも今は、その危機も乗り越えて、幸運なことに多くのヒット商品に恵まれており、業績も好調です。

それができるのは、「元気よく暴走する」という「たった1つ」の考え方が土壌にあって、それをしっかりと実践しているからにほかなりません。

――才能や生まれもった能力で決まるのではなく、仕事を楽しみ、とにかく「元気よく暴走した人」こそ大きな結果を出し、評価される。

大いに結構なことではないでしょうか。私はそう思います。

やりたいことに熱意をもって「元気よく暴走」すればするほど、それだけで日々の仕事は楽しくなるし、結果も自然と出てきます。

そうなると、**今度はあなたの人生そのものが大きく変わっていくのです。**


本書ではたとえ少数派でも、いや、少数派のときこそ自信をもって大きな成果を出していける「暴走のすすめ」について、くわしく紹介していきたいと思います。

本書を通して、あなたがいま以上に楽しく仕事に臨めるようになり、そして周囲が驚くような成果を次々に挙げていけるようになることを、心から願うとともに、それが実現できることを、ここにお約束したいと思います。

大ヒット連発のバンダイナムコが大切にしているたった1つの考え方　目次

第1章　ヒットは多数派、大ヒットは少数派から生まれる

第2章
元気よく暴走しなさい

第3章 数字より面白さにこだわれ！

第4章 失敗する人だけが、進化する

ブックデザイン――ＩＳＳＨＩＫＩ
編集協力――大隅光彦、梅村このみ
編集――綿谷翔（サンマーク出版）

第1章
ヒットは多数派、大ヒットは少数派から生まれる

ヒットではなく、「大ヒット」を生み出す人になる

今から数年前、業績が落ち込んで、バンダイナムコという会社がいちばん苦しかった時期、社長の私も業績回復の道を懸命に手さぐりしていた時期に、ある社員からこうたずねられたことがあります。

「社長の夢はなんですか？」

問われて、とっさに頭に浮かんだのは、「業績をよくしたい」「会社の存在感をもっとアピールしたい」といったものでした。しかし、その答えがわれながらどうもしっくりきません。だいいち、どれも全然「夢」とは呼べないのです。

それは目先のハードル、当面の目標ではあっても、夢とはいいがたい。**夢とはもっと壮大で、それを口にした人、耳にした人の心を奮い立たせる「揚力」のようなものを備えていなくてはならないからです。**

そこで私はひと晩、よく考えてみました。それでたどり着いた答えはきわめてシンプルなものでした。こういうものです。

「大ヒット商品が連発する会社にしたい」

商品が大ヒットすれば、必然的に業績は回復する。会社の存在感（社会的プレゼンス）も増す。社内の雰囲気も変わり、社員一人ひとりを元気づけ、やる気を増し、意欲も高める。何よりも、たくさんのお客様に喜んでもらえる。

こういう好循環をヒット商品はつくり出してくれますし、その好循環の拡大から大ヒット商品も生まれてくるものと思われます。

それなら、大ヒット商品とはそもそもどういうものなのか。

それからというもの、私は「大ヒット」ということについて、何度も何度も、ことあるごとに考えつづけてきました。そして、ようやく「大ヒット」というものの存在が、少なからず見えてきたように思います。

簡単に定義づけてみると、「大ヒット」とは既成概念や固定観念をくつがえし、世の中にひとつのムーブメントを起こすようなもの。それまでにない画期的な新しさ、面白さによって、使う人に驚きと喜びを与えうるもの。

その点で、大ヒット商品とは、それ以前の常識をこわしてしまう「破壊力」と「非連続性」をもっているといえましょう。

これに対して、ヒット商品は、製品としてよくできていて、クオリティも高く、使う人に快適さや納得感を与えはするが、あくまで既製品の改良（アップグレード）にとどまり、そのインパクトも想像や想定の範囲内に収まるものといえます。

大ヒット商品であれば、ヒットとは比べものにならないほど莫大な利益が会社にもたらされますし、評判や知名度も劇的に上がりますから、企業にとって大ヒットを生み出すことは、きわめて重要なことといえます。

もちろん、生み出した人にとっても大きな自信につながりますし、大きな結果は評価され、より自分の夢や目標に近づくことができるでしょう。

大ヒットを生み出せるような人が一人でも増えてほしい、そして自分の人生が変

わるような体験をしてほしい、そう願い、私がもっている知識や経験を本書を通して少しでもお伝えできたらと、筆をとりました。

もちろん、ヒット商品も社会や企業には必要であり、また、世に送り出すことがむずかしいのはいうまでもありませんが、**ヒットと大ヒットには、「今までにない」という常識破りのパワーを備えているか否かに大きな分岐点があります。**

したがって、大ヒットは多数派からは生まれてきにくい。かつて、「全員賛成ならやめてしまえ」というちょっと乱暴な正論がありましたが、十人が十人「いい」というもの、あるいは、十人中七～八人の多数派がＯＫを出す企画のなかからは、そこそこのヒットは生まれても、大ヒットは生まれてこないのです。

十人いるうちの一人か二人の「いいね！」のなかから――いいかえれば、多くが「ＮＯ」の拒否反応を示すもののなかから――時代を画す大ヒットは生まれてくる。

これは長くゲーム業界で飯を食ってきた私のいつわらざる実感でもあります。

「大ヒット」は偶然で生まれるものではありません。また、「大ヒット」を生み出す人も、たまたま生み出せるわけではありません。「大ヒット」を生み出す人には、たしかな共通点があります。

その共通点とは何か？

それは少数派を貫く、ということです。何も会社や組織のなかでつねに少数派でいることがいい、といいたいわけではありません。

自分の意見やアイデアが少数派だったとき、それを実現させるために必要な習慣や考え方をもっているかどうか、それが「大ヒット」を生むために必要だということです。

では具体的な習慣や考え方とはどのようなものか。本書を通して、お伝えしていきたいと思います。

多数派より「少数派」になるほうが、重宝される

大ヒットとは、何も商品を作る仕事にだけ存在するものではありません。ジャンルや業種にかぎらず、それ以前の常識をこわすほどの破壊力をもった「アイデア」や「大きな成果」もひとつの「大ヒット」であり、それはどこの世界にも必ずあるものです。

もちろん、ゲームの世界にも、社会に大きなインパクトを与え、ムーブメントを巻き起こす大ヒット商品がその時代ごとに生まれてきました。メダルゲームしかり、プリントシール機しかり、クレーンゲームしかり、格闘ゲームしかり、です。

まずはその話を、少しだけさせてください。

音楽ゲームのブームをつくり出したダンスゲームなども、それまでになかった新

しいジャンルをゲームの世界に確立した画期的な商品であるといえます。悔しいことに他社さんの音楽ゲーム機などが、ダンスゲームの先鞭《せんべん》をつけたといえるでしょう。

このダンスゲーム、じつは当時、同様のアイデアがわが社にもあったのです。しかし企画の段階で却下されている。その最大の理由が、「人前で踊るなんて、恥ずかしがって誰もやらないだろう」というものでした。

お客様は恥ずかしがってやらない。あるいは、筐体《きょうたい》が大きくて場所をとる。だから、流行《はや》らない——こういう考えこそ悪《あ》しき先入観というものなのですが、**十人中七、八人の多数派はその固定観念にとらわれて、新しい可能性を排除してしまうことが多いのです。**

やがてバンダイナムコでも、音楽リズムゲーム分野において「太鼓の達人」というヒット作を出すことになりますが、これも当初はあやうくボツになりかけていた企画でした。

「太鼓の達人」
©BANDAI NAMCO Entertainment Inc.

当該の担当者は（入社してまだ数年の若手社員でした）、「これまでの音ゲーとはちがう」という確信と熱意をもって、コツコツと開発を進めていたのですが、音ゲーブームがすでに峠を越えていた時期のことでもあり、「今さら音ゲーでもなかろう、もう古いよ」という理由から、部内の会議でも評価が低く、企画としてはほとんどお蔵入りしていたのです。

しかし、当時の習慣で、私が社内をぶらぶら歩きまわってはあちこちの社員と雑談まじりの話を交わしていたとき、その若い担当者から直接アイデアを直訴されたのです。私は直感的に「面白い！」と思い、その場ですぐに指示を出して、試作品を作らせることにしました。

そのことが「太鼓の達人」が世に出るきっかけとなったのです。

こうした例は、既成概念の延長線上には時代をつくる劇的な商品、エポックメイクな製品は生まれてこない——**すなわち、多数派から大ヒットは生まれにくいことのひとつの証左となっています。**

そう考えると大ヒットを生み出すような少数派の人材が、とくにここ近年において、いかに重要かがわかります。

ちなみに、わがバンダイナムコは短くないゲームの歴史のなかで、世の中にムーブメントを巻き起こす画期的な商品をまだ生み出せてはいない——これが、私のいつわらざる実感です。

いや、**「パックマン」「ガンプラ（機動戦士ガンダムシリーズのプラモデル）」「たまごっち」**——たくさんヒット作があるじゃないかと評価してくれる人は少なくありませんし、実際、個別にはいい商品、面白い製品、楽しいゲームをたくさん生み出してもいます。

しかし、本当の意味で「新しい遊びを創造した」と胸を張れるものは、まだ世に送り出せていない。私は自社の現在にそんな自己評価を与えています。

今あげた「太鼓の達人」にしても、ブームを起こしこそすれ、音ゲー分野の先駆者というわけではありません。プリントシール機ブームにしても、格闘ゲームにしても同様です。**だから、新しい○○ゲームブームを業界の先陣を切ってつくり出したい――。**

それは、企業として達成すべきわが社の課題であると同時に、私が個人的に現実にしたい「夢」でもあるのです。

アイデアは一度、「地下トンネル」をくぐらせなさい

では、どうしたら、ひとつの時代をつくるような新しい商品を生み出せるか。ヒット作や大ヒット作の開発には、どんな条件が必要になってくるのか。

この問題を少しくわしく考えてみることから本題に入っていくことにしましょう。

おそらく、画期的な製品の誕生にいちばん必要なのは、画期的な発想やアイデアだと考える人は少なくないはずです。

たとえば、世界的なヒット作となった「パックマン」は、わが社のゲームクリエーターが、ある日**昼食のピザをひと切れ食べたあとの残りの形を見て、口を大きく開けたキャラクターを連想したことから生まれたものです。**

こういう鋭い直感、斬新《ざんしん》なひらめきが新しい地平を拓く大ヒットの直接の引き金

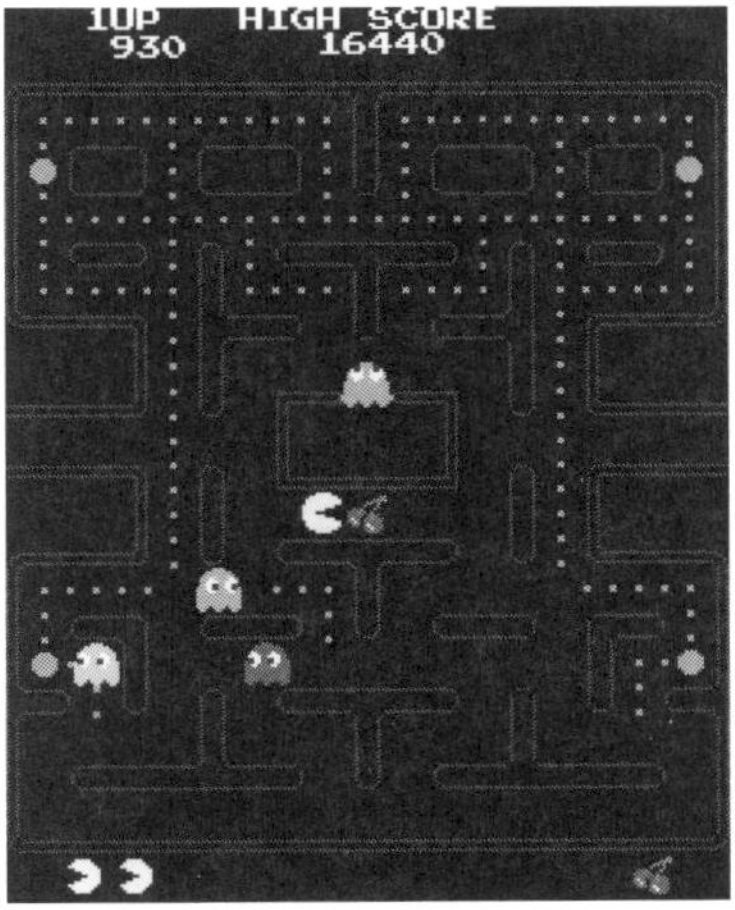

「パックマン」
©BANDAI NAMCO Entertainment Inc.

となる。だから、製品の「種」となる優れた着想をいかに得るかにヒットを生み出す最大のポイントがある。そう考える人は多いはずです。

むろん、それはまちがいではありません。優れた発想が優れた製品にとって不可欠であるのはいうまでもないことでしょう。しかし、私はそれと同じくらい、いや、それ以上に大切な要素があると考えています。

それは、その優れたアイデアを製品にまで「育てる」過程です。そのプロセスをあきらめず、粘り強く経ていくこと。それはアイデアを「生む」以上に大切な、商品開発に必須の要件です。

よくノーベル賞などでも、ある日突然、こんなひらめきが頭に浮かんで、それが画期的な発見につながったなどという話にスポットライトが当たります。そういう発見話は劇的でもありますから、マスコミ受けして注目を浴びやすいのもうなずけます。

でも実際には、そのひらめきを現実のものとする過程のほうがはるかに長く、また苦労に満ちているものです。ニュートンはリンゴが落ちるのを見て万有引力を発見したといわれますが、それを科学的に証明するまでには、多くの時間とひとかたならぬ汗が費やされたはずです。

世にあふれるさまざまな商品も同じで、ひとつのアイデアを製品にまで仕立てるには、外からは見えにくい地味で地道な努力が必ず尽くされています。そのプロセスの間に、ついに日の目を見ず、画期的なアイデアの種のまま終わってしまったものも少なくないでしょう。むしろ、そっちのほうがはるかに多いかもしれません。

会社組織の場合なら、ひとつの企画を通すにも、係長の承諾を得、課長にハンコを押してもらい、部長の決済を経て……というように、何段階かのハードルを越えていかなくてはなりません。

また、先にもいったように、それが常識破りのアイデアであればあるほど、拒否反応も多いでしょうから、「ダメ」を出した多数派を説得する手間がそこに加わります。

・企画を何度も練り直す
・試作品に改良や工夫を加える
・プレゼンテーションの内容や方法に知恵を絞る
・営業や販売との折衝を細かく重ねる

ひとつのアイデア、一個の企画を製品として仕上げるまでには、そうした多くの「壁」をクリアしていかなくてはなりません。

そんな日の当たらない「地下トンネル」のような開発過程をくぐってきたアイデアだけが、やがてヒット商品として脚光を浴びる権利を得るのだともいえます。

大ヒット商品ワニワニパニックは、どうやって生まれたのか？

その長く、苦しい開発プロセスを粘り強くこなしていく。そこには当然、それを可能にするエネルギーのようなものが必要になってきます。

当たり前のように聞こえるかもしれませんが、それは、個々の「思い」――**なんとしてもこの製品を世に出すんだという一人ひとりの熱意や執念、それに尽きると私は思います。**

プロセスに待ち受けるさまざまな困難や障害にもめげず、あきらめることなく企画を前へ進めていくメンタルの熱量。それがヒットや大ヒットを生み出す母体となるのだと思うのです。

具体的にお話ししましょう。

わが社には、「アフレコ！」という、ユーザーがアニメの声優になりきって台詞をしゃべるゲーム機がありますが、これは最初の発案から十年が経ってから、やっとカラオケ店に導入されたという、文字どおり苦節十年で日の目を見た商品です。

十年の間、失敗やボツが続いても、企画者はあきらめることなく、「なんとしても実現したい」「いつか世に出してやろう」と執念を燃やしていた。その「熱」がなかったら、どんな果実も得られなかったはずです。

私が中心になって開発した「ワニワニパニック」も同様です。もう三〇年近く前に製品化されたアクションゲーム機で、今でもゲームセンターなどに置かれているおなじみのロングセラー商品です。

ワニが迫ってくるのをハンマーでたたくという単純なゲームで、それ以前に人気を集めた「モグラたたき」をヒントに発想したものですが、穴を上下するだけのモグラよりも、自分のほうへ大きな口を開けて迫ってくるワニのほうが、ずっとスリルがあって面白い。

そう確信して、企画書をまとめ、上司に提出しました。

「ワニワニパニック」

しかし結果は、「モグラたたきの二番煎《せん》じじゃないか」とあえなく却下――。

それでも「絶対に面白い」と確信が揺らぐことはありませんでしたから、私はあきらめず、次に手製の試作品を作りました。

本体をダンボールで、肝心のワニは雑貨店で買ってきた動物スリッパで代用。再度、上司の前で実演して見せ、棒の先に取りつけたスリッパをダンボールの穴から出し入れして、怪訝《けげん》そうに眺める上司にたたいてもらったりもしました。

そうしてその結果、晴れて製品化にゴーサインが出たのです。

その後も、ワニに一定以上近づかれると減点になるというアイデアを盛り込んだり、台の高さやワニが出てくるスピードを調整するなどの工夫や改良を加えました。ユーザーには子どももいるため、私は自分の娘やその友だちを会社へ連れてきては、実際に遊んでもらい、最適の間合いを割り出していきました。

商品名にしても、「ワニたたき」や「ワニ退治」などの案が出ましたが、私は「このゲームはプレーヤーの恐怖心に訴えたい」と考えていたので、そこにどうしても「パニック」という言葉を入れたかった。**それで、難色を示す当時の中村社長（ナムコの創業者）を何度も説得して、ようやくネーミングの了承を得た。そんな苦心もありました。**

当時、私は三十代でしたが、そのころはファミコンを中心とする家庭用ゲーム機が全盛を迎えた時期で、私が手がけていたゲームセンターの業務用ゲーム機は暗黒時代でした。部内でろくに仕事もなく、企画を出してもことごとくはねられる少数派ともいえる裏方のようなチーム。

おまけに、私はその直前、意気込んで作ったある製品がみごとに失敗に終わって会社に小さくない損害を与えていましたから、今度こそは、なんとしてもヒットを出さなければ——と必死でした。

その、少数派だからこその「なんとしても」「何があっても」という危機感やら執念やら情熱やらが入り交じった懸命の「思い」が、仕事をあきらめずに前へ進める熱やエネルギーとなり、やがてヒットにつながる素地をつくった。私はそう思っています。

エレベーターの一階から五階までのあいだで勝負をする

その「思い」があまって、組織人としては「イレギュラーな手段」に訴えたこともあります。

組織においては、課長、部長と段階を踏んでＯＫをもらっていくのが踏むべき正当な手順ですが、その手間をすっ飛ばして、いきなりトップに直訴、その決裁を仰いでしまうという非常手段に出ることが、私にはしばしばありました。

少数派には少数派だからこその「戦略」があるのです。

いちばん最初の経験は、入社間もない二十代のころでした。

当時、私は営業部の事業課に所属して、企業が広告キャラクターや販促に使うロボットの研究開発に従事していました。そんなあるとき、大手食品メーカーが消費者プレゼントに使用するグッズの製作を担当することになったのです。

プレゼントとして、どんなグッズがいいかと頭を悩ませ、考案したのが「体重計」でした。

体重計に乗るとモグラが木を登っていき、目盛りのところでアッカンベーして止まる――そんな遊び心満載の、「木登りモグラの体重計　ハッカンベー」と名づけた製品です。

幸い、クライアントも気に入ってくれて採用となり、企画を進めていったのですが、大量の品を、しかも低コストで製造してくれるメーカーがなかなか見つかりません。プレゼントキャンペーンの時期が決定され、品物の納期が迫ってくるころになっても、まだ目星がつかない。

「このままでは間に合わない！」——私は震え上がりました。

そのとき、せっぱ詰まった私がとった手段が社長への直訴だったのです。社長になら心あたりがあるかもしれない。トップに直接相談してみよう。そう意を決して、ある日、社長室へ飛び込んでいったのです。

社長はちょうど、役員と打ち合わせ中でした。

しかし私の訴えに、役員をいったん部屋の外へ出し、平社員の私と二人だけで話をする場をつくってくれました。そうしてすぐに名刺入れをひっくり返し、その場で、ある精機会社の経営者に電話を入れて、話をあらかたつけてくれた。**このトップの後押しのおかげで、無事、納期に間に合わせることができたのです。**

それから味をしめたというか、ここぞというときには、同様の手段をとることが少なくありませんでした。稟議書《りんぎしょ》を書いて進める正規の手続きとは別に、初期のアイデア段階であっても、これはいけそうだと思う企画は、社長の出勤時間を見はからって、エレベーターの前で待ち伏せするようになったのです。

一緒にエレベーターに乗り込み、五階にある社長室までのあいだに、手短に企画内容を説明し、説得して、直接の了承を得る。この奇襲作戦を多いときには毎週のように仕掛けたものです。

この待ち伏せは邪道といえば邪道です。しかしそれは、こちらの意欲や熱意をアピールする手段でもあります。待ち伏せという方法をとってまでも、自分はこの企画をやりたいのだ。その本気の「思い」を伝える場でもあります。

要は、そんなイレギュラーな方法をとってまで伝えたい、訴えたい「熱」がその人のなかにあるか。それが何にもまして大事なのです。

そのころ、同じように社長を待ち伏せするライバルが二、三人いました。

エレベーター前で顔を合わせると、「また、重なっちゃったね」と苦笑いを浮かべたりしましたが、次は鉢合わせしないように、向こうが出張中のときを狙《ねら》ったりと、互いに切磋琢磨《せっさたくま》し合ったものです。

幸いなことに、頭越しに企画を通された課長や部長も、怒るどころか、むしろ喜んでくれました。この件はもう社長の了解をとってありますからといえば、その後の手間が省けることもあって、「わかった、がんばれよ」と喜んでハンコを押してくれたのです。

ですから、もしあなたが「いいアイデアなのに、上司がわかってくれない。自分の企画を取り上げてくれない」などと悩んだり、腐ったりしているなら、そのアイデアをどうしても実現したいという熱が十分にあるか。あるいは、それを周囲に伝える、訴える努力は足りているか。このことをもういっぺん胸に手を当てて、よく吟味してみてください。

ヒットが生み出せないのは、アイデアが不足している以上に、製品化までの泥臭いプロセスを経ていく情熱や執念が不足していることのほうが、ずっと多いのです。

「少数」であればあるほど「巻き込む力」は強くなる

一人のビジネスマンとしての経験をお話ししてきましたが、経営者となった今も、その考えは変わりません。

幸か不幸か、今の私は経営者として、社員の訴えを聞く側の立場にあります。かつて創業者の中村雅哉さんがそうしてくれたように、組織のルールに拘泥《こうでい》せず、役職や肩書きにかかわらず、あらゆる社員からの直接の訴えに耳を傾け、面白いと思うアイデアや企画はちゅうちょなく拾い上げるように努めています。

そのとき、重要な判断ポイントとなるのが「提案者の熱意」です。その人がどれだけ、その企画実現のために情熱を注いでいるか、その思い入れの強さはどれほどのものか。それをまず見るのです。

だから、企画の内容が平凡で「ありがちだな」と感じたとしても、提案者から本気の熱が伝わってくれば、「ちょっとやらせてみようか」ともなる。こういうことは、私がアイデアを出す立場から選ぶ立場になって以降、一貫してやってきたマネージメントの姿勢といえます。

もちろん、熱ばかりあっても、アイデアが最低限の水準に達していなければ、プロの仕事としては失格です。その点では、アイデアと熱とは、ヒットや大ヒットを生むための両輪であるべきですが、どちらを重く見るかといえば、私はまちがいなく後者を選びます。

前にいったことと重複するようですが、ゲームや遊びの世界ではヒットを生むための正解や定型などないに等しく、何が「化ける」かわからないからです。そうであれば、ヒットへの推進力としてもっとも重視すべきは提案者や開発者の熱や思いである。そう考えるのは、しごく当然のなりゆきといえないでしょうか。

さて、アイデアを製品化し、それを大ヒットにまでつなげるには、個人の思い入れのほかに、もうひとつ大きな必要条件があります。**それは提案者が抱いている熱**

意が周囲へ少しずつ伝播《でんぱ》していき、やがてひとつのかたまりとなって大きくパワーアップしていく、そういう「思いの連鎖」と「共有の過程」があるかどうかです。

池に石を投げ込むと、落下点から周囲へ向かって波紋が広がりますが、ちょうどあのように、一人の熱が他者へと伝染していく、一から多へと共感の輪を広げる。そのプロセスがヒットを生むのに欠かせない条件となるのです。

Ａさんの出したアイデアに、Ｂさんが「うん、面白いじゃないか」と同意する。それだけで企画を前へ進めるパワーは二倍になります。それを知ったＣさんも、「たしかに。いけるぞ、これ」と賛同してくれる。次にはＤさんも……そうやって賛同者が増えるたびに推進力も加速度的に増していきます。

成功する仕事というのは、多かれ少なかれ、こういう味方や応援団が周囲に必ずあらわれるもので、その数が多くなるほど、企画を通しやすくなる。やりたいことができるようになる。必然的に成功の確率も上がる。**このように賛同者を連鎖、拡大させていくパワーを、私は「巻き込む力」といっています。**

この「巻き込む力」は、最初の出発点が少数派であればあるほど、人を巻き込ん

でいったときに膨大なエネルギーを生み出します。

前述した「ワニワニパニック」も、この巻き込む力によって世に出たようなものです。たしか最初のアイデアの種はトイレのなかで思いつき、穴から出てくる動物もなんとなくワニをイメージしていた程度だったと記憶しています。

その日、出社するとすぐに、デザイナーをつかまえて、「こういうものをやろうと思うんだけど、どう思う?」とアイデアを話したのです。彼も「それ、面白いね」と速攻で反応してくれ、

「で、出てくる『怖い』ものは何がいいかな?」
「ゴキブリもありだけど、やっぱりワニかな?」

というやりとりに。

出社して五分で、すでに応援団が一人できていました。その賛同者が二人、三人

と増えていき、部長にプレゼンする段階では、たしか四、五人くらいの心強い味方が私のアイデアを側面から応援してくれていました。

べつにむずかしい話ではありません。何か面白いことや感動したことがあると、人はそれを「今日、こんなことがあってさ」と他人に伝えたくなります。

仕事も同じ。**自分がいいと思うアイデアがあるなら、自分の頭のなかの引き出しにしまいっぱなしには決してせず、たとえば、となりの席の同僚に「これ、どう思う？」と開陳してみることをおすすめします。**

むずかしいことではなく、たったひと言「どう思う？」と聞いて、「いいじゃない！」と言われたなら、そこから「巻き込む力」がはじまっています。

それを「小さな起点」として、思いの連鎖と共有がはじまり、巻き込む力の波紋が周囲へ広がって、成功の確率はぐんと高まっていくのです。

「常識の関節」を外した「コーラ味のポテトチップス」とは？

バンダイナムコは「面白さで勝つ」企業グループでありたい――私はつねづねそう考えています。

すると、「アイデア」がとにかく一番大事だと思われることがあります。

大ヒットを生み出すには、「巻き込む力」が鍵を握りますが、たしかに「アイデア」も大切な要素のひとつです。アイデアの面白さが売れる商品の生命線となるのもまちがいないことです。

ここでは一度、アイデアというものについて、触れておきたいと思います。

面白いアイデアとはいったいどのようなもので、どうアイデアを生み出し、育てていけばいいのでしょうか。

――そもそも、人は何を面白いと思うのでしょうか？

何が面白いか。何が楽しいか。これは理屈ではなく、きわめて感覚的なもので、言葉では説明しにくい。

それだけに、その言語化できない面白さを大事にし、尊重もするのが商品開発には必須の要件であり、ものづくりから日々の企画立案、発想にいたるまで、欠かせない精神であるといえます。

とりわけ――再三いうようですが――ゲームや玩具の世界では、製品の発想、企画、開発において遵守《じゅんしゅ》すべき基準もまた、他の製品に比べて低い（少ない）傾向があります。たとえば車や機械を作る場合なら、その部品や材質、スペックや仕様などにきびしい条件が付与されているでしょう。

でも、ゲームや玩具では、その「かくあるべし」という制限が多くはありません。むろんユーザーの安全や妥当な価格といった達成すべき基準はありますが、それ以外は、たとえば素材に木を使ってもいいし、紙を使ってもいい。プラスティックだからダメということもない。それだけゲームづくりは「自由」度が高いわけです。

わが社は、二〇一五年一二月に菓子メーカーのカルビーさんと共同で開発した「ポテトチップス　コーラ味」という製品を発売しました（取り扱いは終了しています）。市販のものではなく、アミューズメント施設のゲームの景品として開発したお菓子ですが、それを聞いて、コーラ味がするポテトチップスを「食べてみたい」「おいしそう」と思う人はどれほどいるでしょうか？

それには正直、疑問符がつきます。

実際、食べてみると、たしかに「コーラの味がするポテトチップス」で、はっきり申し上げるならば、それ以上でもそれ以下でもない。

しかし、ポテトチップスを食べながらコーラを飲む人はたくさんいるのだから、その二つを合体させたものがあってもいいじゃないか——そんな常識を裏側から見直してみる逆転の視点や、既成概念の枠をちょっとはみ出す自由な発想は素直に面白い。大いに「あり」なのです。

「ポテトチップス　コーラ味」

「ナムコが何かヘンなものを作ったらしいぞ」という話題性、宣伝効果もある。ゲームの景品としては、なかなか優れたものだと思っています。

こういう遊び感覚に富んだ自由な発想を、私は大いに尊重したいと思っています。**多くの人が「なんだ、これは？」「ウソだろう！」「マジかよ！」、そんな感覚的な反応を呼ぶアイデアのほうが、理論や理屈を踏襲した、無難にまとまった企画よりも、「化ける」可能性も高いからです。**

エンターテインメントの世界なのですから、売れる商品が必ず、そうした遊びの精神を含んでいるのは当然であるともいえましょう。

売れる可能性を潜在させた「面白いアイデア」とはどんなものか。**それは、常識をはみ出し、常識から横道にそれ、「常識の関節」を外すもの。**あるいは、常識をひっくり返し、常識を破り、常識を超える、そんな自由で遊びの精神に満ちたものと定義できるのです。

そして、そこに発案者の熱意がプラスされれば、巻き込む力が生まれ、大ヒットの確率はさらに高まる。**面白いアイデアに人間の思いや熱が加わったとき、ヒットへの推進力の両輪がそろうわけです。**

「小さな面白さ」を否定せず、拾い上げる

「∞（むげん）エダマメ」という商品をご存じでしょうか。枝豆の皮をつまむと中

から豆が押し出され、指を離すと引っ込むという仕掛けのもので、真ん中の豆にはいろいろな顔が描かれています。むろん実際には食べられない、枝豆の豆を押し出すときの感触を楽しむおもちゃです。

この∞（むげん）シリーズは、「∞（むげん）プチプチ」から発売開始されました。こちらは荷物を梱包《こんぽう》するときに緩衝材として使う気泡シートを模したおもちゃです。

あの気泡のふくらみを見ると、誰でも指で押しつぶしたくなりますが、その〝欲望〟をこのおもちゃで解消してもらおうというもの。つぶすとプチ、プチと音も出て、販売累計で三百万個を超えるヒットとなりました。

いずれも、日常のなかのちょっとした面白さ、楽しさを再現する、たわいないといえばたわいないアイデアの商品化です。**しかし、そんな「小さな思いつき」を面白がる遊び心が圧倒的な商品や成功には不可欠です。**「たまごっち」の大ヒットも、そうした「面白がり」の土壌から生まれてきたものといえます。

アイデアの大小にかかわらず、これまでの経験則やルーティンにとらわれない個人の自由な発想を大いに尊重して、決して頭ごなしに否定しない、遮断しない。そういう風通しのいい、度量の大きい体質というか風土を、自分自身の内側にも、そして外側の組織にもつくらないと、「面白さで勝つ」ことは目指せません。

「アイドルマスター」という商品は、私がエグゼクティブ・プロデューサーの立場で手がけ、幸運にも大ヒットを記録したゲームのひとつです。

その概要を説明しておくと、プレイヤーがプロデューサーとなってアイドルの候補生を選び、レッスンやオーディションを受けさせたり、楽曲や衣装を決めたり、テレビ番組に出演させたり、果ては引退コンサートまで行いながら、いかに多くのファンの支持を得て、人気アイドルに育て上げていくかを競う体験ゲームです。

ネットワークを介して全国規模のランキングが競われ、ファンの獲得数によってアイドルのランクが決まるだけでなく、その育成手腕によってプロデューサー（プレイヤー）もランクづけされる。その最高位が「アイドルマスター」となるわけです。

そもそもはゲームセンターにたくさんのお客様を呼ぶために、ゲーム機に女の子のキャラクターを付加してみたらどうか――という発想から生まれたものですが、そのアイデアは悪くないにしても、当初考えられた内容はあまり面白いとはいえないものでした。

開発担当者の「ぜひ、やりたい」という思いにも熱いものがあったのですが、それまでいくつかあったアイドルゲームとあまり内容が変わらず、「これ」という新しい視点に欠けていたのです。

ダメ出しをして、何度も企画のやり直し、練り直しをさせました。

あまりに何度も突き返されるので、担当者の目には私が鬼か親の仇のように見えたかもしれません。**そんな試行錯誤を二年くらいくり返したでしょうか、やっと納得のいくものができあがりました。**

バーチャルの体験ながら、プロデューサー（プレイヤー）が手ずからアイドルを育て上げるというゲームの新しさ、面白さの肝となる「育成」のコンセプトや世界観が明確になり、その内容も詳細に設定されていったのです。

一人ひとりの社員がいかに面白がって仕事をするか、楽しんで仕事をするか。そこが重要な生命線であり、組織にとってもそういう社員はブレイクスルーをもたらす大切な社員になってきます。

ですから、一人ひとりの社員は「こんなものダメだ」とアイデアに自己規制のブレーキをかけないこと。それから、失敗をむやみに恐れないことが大事です。

私は機会損失（チャンスロス）が最悪の失敗だと思っています。つまり、やった失敗より、やらなかった失敗のほうが「罪」が重い。見逃しの三振はいけないが、空振り三振には寛容に接しているつもりです。

多少の無茶や暴走は許すから、社員にはコーラ味のポテトチップスや無限に押し出せる枝豆のような、常識の関節を外すような自由な発想、アイデアをどんどん生み出してもらいたい。そこから自分なりの仕事の仕方を構築してもらいたい。そう思っています。

情報を共有して自分なりの「運命共同体」をつくりなさい

個人発のアイデアを決して否定することなく、むしろ積極的にそれを拾い上げていくこと。一人ひとりの社員の考えや活動を邪魔せず、彼らがもっている自由で面白い発想を引き出し、育てていくこと。個人はそれに応えるべく、失敗を恐れずチャレンジすること。

それが組織と個人が担う、本来の役割であると私は考えます。**つまり、個と組織の関係は対立的でなく補完的であるのが理想なのです。**

しかし、以前はわが社にも、そのような組織が個をサポートする仕組みや風土がはっきりとは確立しておらず、個としても今ほど豊かに仕事ができていたとはいえませんでした。その結果、効率よくヒット作を生み出していくのがなかなかむずかしい時代がありました。

たとえば業務用のゲーム機の開発にしても、開発チームがそれぞれ個別に、半年くらいの時間と少なくないお金をかけて試作機を作っていました。そういうやり方は、成功すれば大きな収益につながりますが、失敗したときのダメージも大きい。いわば、ヒットを生み出せるかどうかは出たとこ勝負、開発担当チームごとの力量におまかせで、ヒットの精度を上げる組織的方法やシステムとしては未熟なものだったのです。

これではいかにも非効率である。

そう考えた私は、開発部を統括するマネージャー時代に、「試作コンペ」という新しいやり方を導入しました。

その話を少しだけさせてください。

「試作コンペ」とは、試作品の見本市みたいなもので、製作期間一か月、それぞれに当時で二〇〜三〇万円くらいの予算を与えて、その範囲内で各チームがダンボールやベニヤ板などを使った、ごく初期段階の試作品を作り、それを会場に並べて社員全員で評価するというものです。

開発の人間だけでなく、営業や販売の人たちも参加して、「あれは売れそうだな」「これはイマイチだ」などと、いろいろな角度から作品のもつ面白さや可能性を評価、検討する。そういうイベントを年二回開催したのです。

出品した二、三〇の作品のうち、より精密な次の試作段階へ進めるのは三つか四つという狭き門でしたが、このコンペ方式の導入によって、まず、製品化までの時間とコストを大いに省略し、失敗したときのリスクを低減することに成功しました。

また、多くの作品を一堂に会して、そのよしあしをトップも含めた多くの社員が組織的に吟味することで、面白いアイデアを効果的に拾い上げ、「ヒットの精度」を高めることにもつながっていきました。つまり、売れる作品を生み出すための効率的な仕組み。それを組織に根づかせるひとつの有力なきっかけになったのです。

でも、うれしいことに、効果はそれだけではありませんでした。

この試作コンペの場は、多くの社員が情報を共有する場としても機能したのです。

たとえば、Ａという開発担当者が作った試作品をＢという営業担当者が高く評価してくれたら、AはBと早くからコンタクトをとって、ともにコミュニケーションを図りながら、作品の質を高めていこうとするでしょう。このとき期せずして、前述した「巻き込む力」がAから発揮されることになります。

営業のBにとっても、製品開発に早期からたずさわったことになるから、しっかりと売らなければならない責任が生じる。**そうやって情報や責任を共有することで、少し大げさにいえば、「運命共同体」のような風土が少しずつできていきました。**

このように、試作コンペ導入の直接の動機はヒットの効率を上げることにありましたが、そこから生まれた副産物のほうがむしろ大きかったという手ごたえがありました。

それは、社員みんなで売れる製品を作り出していこうという空気が社内に醸成されたこと。**別言すれば、「面白さを共有する」仕組み、ヒットを生み出す土壌が組織的に形成されていったのです。**

思えば、はるか昔、私がナムコという会社の入社試験を受けた動機は――とくに高い志などもなく――単に「面白そうだな」と思ったことでした。

まだコンピューターゲームが登場する以前のことですが、ゲーム機を作る会社で、就職情報誌の案内にも「遊びをクリエイトする」なんてキャッチフレーズが書いてある。それなら、なんだか楽しそうだ、面白そうだ。そう単純に考えたのが志望動機だったのです。

――以来、四十年余。

仕事は面白く、楽しいだけのものではありませんでしたが、「面白さを追求する」姿勢は一貫して変わっていないつもりです。これからバンダイナムコを志望する若い人にも、やはり同じように「あの会社、面白そうだ」と思ってもらいたい。

その面白さを生む仕組み、土壌を整備することが、今の私に課せられたいちばんの仕事だと思っています。

アイデアに困ったときは、「丑三つどきのメモ」を活用せよ

一九八〇年に登場した「パックマン」は、もっとも成功した業務用ゲーム機としてギネスブックに認定され、ニューヨーク近代美術館（ＭｏＭＡ）にも収蔵されています。こんな世界的な大ヒット作はそうそう生まれるものではありませんが、その原初のアイデアは案外、身近なところから発想されるものです。

パックマンのあのキャラクターも、昼食のピザをひと切れ食べた、残りの形からひらめいたものでした。

アイデアの着想というのは、何も描かれていない白紙のキャンバスに、色彩の最初の一滴をポトリと垂らすようなもので、いわば「0から1」を生む行為です。その1を10にまで育てていくのが、何度か述べてきた製品化までの苦しいプロセスといえましょう。

何もないところにひとつの新しい芽を出すのですから、「０から１」を生み出すのは、言うはやすく、行うは難しの非凡な行為です。**しかしだからといって、「面白いアイデアなんて、おれには無理」と才能のせいにして、はなからあきらめてしまうのもおろかな行為といえましょう。**

アイデアがひらめかないなら、なんとかひらめくように自分を仕向ける、努める。その努力が天才ならぬ私たちには必要になってきます。もちろん私も例外ではありません。私自身、アイデア産出のための方法を常日頃、心がけています。決して、人とは違う特別なことをしているわけではありませんが、ご参考までにいくつかご紹介いたします。

一つは、**「問題意識のアンテナをもて」**という点です。

当たり前のことのようですが、人は絶えずアンテナを張っていないと、何かヒントや答えのようなものが目の前を通過しても、それと気づかないものです。気づかなければ、そもそもバットを振ることもできない。

逆に、つねに問題意識をもって周囲を見る人は、ほんの小さな出来事や変化を手がかりとして、答えの発見や問題解決のヒントにつなげていくものです。**世の中には、見ようと思っている人にしか見えないものがたくさんあるのです。**

私のベッドの横にはホワイトボードが置いてあります。

ちょうど丑三《うしみ》つどきあたりの夜中や明け方に目覚めて、ふいに何かを思いついたときに、思いついたことをそこにすべて書き出してみるためのものです。**私はその「丑三つどきのメモ」の習慣をもう三〇年以上、変わらず続けています。**

眠っているあいだも、脳が活発に働いているレム睡眠時などに、ちょっとしたひらめきやよいアイデアを得るのは誰にでもあることですが、朝になると、そのせっかくの思いつきがまるで日の光に溶けるように跡形もなく消えてしまう。これもまたよくあることです。

そこで忘れないうちに、思いついたら、すぐに起き上がって、それをボードにメモしておく。これが長い習慣となっているのです。

商品開発に関するアイデアだけにとどまらず、ふだんの仕事ですべきこと、したほうがいいこと、会議での発言や朝礼の話のタネまで、私の場合、**たいていはその「丑三つどきのメモ」が原型となっています。**

そのメモから具体的に何が生まれてきたか、事例があまりに多すぎて、かえって特定できませんが、たとえば、アーケードゲーム機「スタアオーディション」などは、このホワイトボードに記したアイデアがヒントになったものと記憶しています。

これはタレントの適性を診断するゲーム（オーディションマシン）で、ゲーム形式で適性問題に答えたり、写真撮影をしたりしたデータを郵送してもらい、審査に合格すると本物のタレントオーディションが受けられるというもの。

大手の芸能プロダクションやラジオ局とタイアップして、かなり大がかりなイベントとして展開しました。**ちなみに俳優の妻夫木聡くんはその第一回のグランプリで、これを機に芸能界への道を歩むことになりました。**

当時、テレビなどでタレントのオーディション番組が流行っており、それとゲームを合体させたら面白いものができるんじゃないかという発想から生まれたアイデアです。

私の場合はベッドの横のホワイトボードですが、わが社の優れたアイデアマンたちを見ても、いつも分厚い手帳を持ち歩いて、何か思いついたり、ひらめいたりするごとに書き込んだり、切り抜きを貼りつけたりして、アイデアの種をそこへ集める作業をおこたりません。

絶えず問題意識のアンテナを張って、そのアンテナに引っかかったことを片っ端から収集している。**優れたひらめきを「待つ」のではなく、ひらめきを「みずから生み出す」努力をしているのです。**

そのなかでも使えるものは少なく、捨てるもののほうがずっと多いのでしょうが、そんな非効率も承知でメモや材料を集め、その積み重ねを母体にして、優れたアイデアを抽出していく。アイデアマンと呼ばれる人たちはみんな、そうした自分なりの方法論を構築しているはずで、そのためには問題意識を張りめぐらしていることが必要条件になってくるのです。

問題意識の欠如はチャンスロスに直結してしまいます。アンテナが作動していなければ、目の前を通りすぎた重要なヒントを、ヒントとさえ気づかぬうちに見逃してしまう。こんなもったいないことはありません。

下手な鉄砲方式でいいから、とにかく思いついたことやアイデアの断片などを手帳やスマホにストックしてみることをおすすめします。

感性を磨きたいときは朝から「スーパーの店頭」に行け

アイデア産出のために心がけていることの二番目は、**「感性と想像力を『外』で働かせろ」**です。

たとえば私は料理が趣味です。自宅の書棚には、『美味しんぼ』『クッキングパパ』といった料理漫画がずらりと並んでいます。もちろん、台所にも立って、実際にあれこれ料理を作って家族にもふるまう。

当然、スーパーにも材料の買い出しに行きます。

焼きソバを作ろうと五〇円のモヤシを買っている姿を社員に目撃されて、何がなしバツの悪い思いをしたこともあります。

私はスーパーがとても好きで、食材を買い出す必要がないときでも、なんとなく出かけて店頭をぶらぶら歩くことがよくあります。棚にずらりと並んでいる、たくさんの惣菜《そうざい》やら野菜やらをながめるのが好きなのです。

そろそろ菜の花が出てきたな、そら豆やあさりの季節だな、枝豆の初物はまだ八百円と高いな……などと感じながら、旬《しゅん》のものがあると素通りできず、つい手が出てしまう。

スーパーの店頭は世の中の変化を映す「高感度センサー」のようなもので、そこからものの値段の変化や、季節の移り変わりなどが感じとれる。**この「季節感」を敏感に察知する感覚は、私はビジネスの世界で働く人にもきわめて大事なことだと思うのです。**

とりわけ、ものづくりや企画、開発、プロモーションなどに従事している人間は、朝から晩までデスクにかじりついて、思案投げ首でアイデアをひねり出したところで、そのアイデアは「生きた」ものにはなりません。

ときには机の前を離れ、会社の外へ出て、街の様子や通りを行く人の服装をながめ、風の匂いや光の加減を肌で感じ、デパートのショーウィンドウをのぞき込み、書店の雑誌を立ち読みし、さらにはスーパーの店内の食材の移り変わりを知る。

そうやって世の中の生きた感覚を呼吸するように体内へ取り込み、自分のなかに感性を養い、磨くことが大事なのです。

電車に乗ったら、携帯電話のメールチェックをするだけでなく、中吊り広告をながめ、乗客の観察をしてみるのも面白いものです。

スーツ姿の男性が不機嫌な顔つきでどっかと座る。ああ、会社か取引先で何か嫌なことがあったんだろうな。渾身《こんしん》のプレゼンをばっさり否定でもされたか。そうかと思えば、女性同士がニコニコ笑いながら、何か親しげに話している。これから女子会にでも出かけるのだろうか、それとも合コンかな……。

そんなふうに、社会の絵図の等身大の一つひとつを自分の目でじかに眺め、そこ

から感性のアンテナを作動させ、想像力を働かせてみる。そのことが、生命感ある発想やアイデアの肥やしになるのだと私は思います。

今はスマホばかりのぞき込んで、まったく外界に無関心な人も増えています。ともすれば内へ向きがちの興味や感性のアンテナを外へ広く向けて、あれはなんだろう、これはどうなっているんだろうと、絶えず問題意識と想像力を外へ外へと働かせることがものの見方を多様にし、重層的にもして、優れたアイデアを生み出す土壌となってくれるのです。

客観的になりきるために、宇宙から地球をながめなさい

よいアイデアを生むための三つめのポイント、それは「**視点を変えること**」です。

社長時代、役員だけを集めて合宿をやったとき、「**宇宙から地球をながめるよう**

な視点」をもつことの大切さを提案したことがあります。ホワイトボードに地球の絵と、そこから少し離れたところに人の顔の絵を描いて、「こんな宇宙空間から地球を見下ろすような高い視点、客観的な目からビジネスを発想することが大事だ」という話をしたのです。

たとえば、ビジネスの海外展開を図ろうとするとき、私たちは日本の文化や価値観、感性などを基準にして海外向けの商品を作り、また、売ろうとします。

日本ではこういうものがヒットしたが、アメリカやアジアの人たちの好みや気質はこうだから、商品のこの部分はこうアレンジしたほうが欧米では受ける。国内仕様にはないこんなスペック、テイストを加味すればアジアの人は喜ぶだろう。

そんなふうに、あくまで日本人の視点と発想にもとづいて海外への応用を図ろうとすることが多いのです。**でもそれは、本籍は国内に置いたまま、現住所だけを国外へ移そうとするようなもので、どれほど詳細な分析をしても、日本の価値観を通して見たアメリカでありアジアにすぎません。**自国を基準にしたドメスティックな視点や発想を離れるものではないのです。

むろん、互いの文化や価値観の相違を分析することは大切ですが、そればかりにとらわれていると、議論がせまいところ、こまかいところに入り込んで、かえって自由な発想のさまたげになってしまいます。

俗に、「ドツボにはまる」などというように、議論とか分析というものは熱心にやればやるほど小さな器の中に閉じ込められて、広い「目」を見失う視野狭窄《きようさく》に陥る危険をはらんでいます。まじめな人ほど、その傾向が強いものです。

そこで日本がどう、アメリカがどう、アジアがどうという国籍を離れ、思いきって視点をずっと高い地点まで引き上げて、宇宙空間から地球全体をながめるようなダイナミックな見方をしたらどうか。

あるいは、自分が宇宙人になったつもりで地球人をどう攻略しようか。ゲームという武器を使って、地球の子どもや若者たちの心をどう惹きつけようか。そんな俯《ふ》瞰《かん》の視点から、国単位ではなく地球規模の大きな発想をしてみよう。

そこから、これまではとはちがうもの、何か新しいもののヒントが見えてくるんじゃないか。私がいいたかったのはそういうことで、視点を固定化せず、自在柔軟に変えてみることの大切さです。

実際に自分が宇宙人になったつもりで考えてみると、思った以上に新しい提案が出たり、考えがまとまったりするので、ぜひ一度は試してみてほしいと思います。

「機動戦士ガンダム」の人気はわが国ではもちろん、アジア全域でも絶大なものがありますが、**一方で、アメリカにおいては成功しているとはいいがたいのが現状です。**その理由をいろいろ分析する人も少なくありません。

たとえば、ガンダムのストーリーはとりわけ人間ドラマが複雑で、敵と味方も明確に色分けされていない。それがヒーローが悪人をやっつけるシンプルな勧善懲悪を好む米国人には理解されにくいのだろうという説があります。

また、ガンダムは身の丈一八メートルもあるロボットの設定ですが、その巨大さが米国人の感覚の許容範囲を超えているという説もある。米国人は人間の五倍までのメカものでないとリアリティを感じにくい、映画「エイリアン」に出てくるマシンくらいが許容できる限界だというのです。

あるいは米国人は、みずから積極的に敵や悪を退治する話を好むが、日本人は敵から攻められて、自衛のために仕方なく立ち上がるという受け身の物語を好む。そんな国民的メンタリティの相違に原因を見る人もいます。

どれも的を射た分析で、傾聴に値するものですが、こうした相違も日本ではこうだ、アメリカではこうだというステレオタイプの視点、思考からはなかなか見えてこないものでしょう。

つまり、ものごとを固定した一点から近視眼的に見るだけではなく、ときには、その「目」を高いところ、遠いところへ移動させて、いろいろな角度から客観的にながめてみる。そうした自在で多様な視点が自由な発想のためには欠かせないのです。

第2章
元気よく暴走しなさい

「発想の暴走」で「常識の向こう側」にいく

以前、東京・お台場の公園に高さ一八メートルの、すなわち「実物大」のガンダムを作ったことがあります。

アニメ放映三〇周年を記念して「GREEN TOKYO ガンダムプロジェクト」に特別協賛し、かなりのお金をかけて建造。光らせたり、頭部を動かしたり、あるいは立像の足の間をお客様に通り抜けてもらったり、いろいろな仕掛けもほどこしました。

そのせいか、ガンダムがなんであるかを知らない世代の人までが、「これガンダムだって」などと言いながら記念写真を撮っている場面も目撃しましたから、話題づくりとしては大成功の部類だったと思います。

「機動戦士ガンダムの実物大立像」
© 創通・サンライズ

フィクションの世界と同じ大きさの一分の一の像を実際に作ってしまおうというのは、常識から考えれば、さすがに少々、無茶な話です。実際、はたして巨額な投資金額に見合う効果が得られるのかという疑問の声もありました。**しかし、目的は話題づくりにあるのだから、コストパフォーマンスが合わないのは最初から覚悟のうえです。**

実物大のガンダムを作って、三〇周年に向けてのパブリシティの中核にしたい。その提案を聞いたとき、私は単純に「ああ、面白い」と感じました。それが常識の殻を突き破る、とても元気のいいアイデアのように思えたからです。

私は日ごろから、社員に対して「元気よく暴走しなさい」と発破をかけています。前例にとらわれることなく、多数の意見や、常識、これまでの経験値のなかに小さくまとまることなく、豊かで自由な発想をしてほしい。そんな「**暴走のすすめ**」を説いているのです。

たとえば、ここに五つのアイデアがあって、そのうち四つまでは、どれも七〇点くらいの合格点はもらえる優等生的なものである。一方、残りの一つは欠点も多いけれど、非常に秀でた長所を一点もっている。その一つの飛び抜けた長所は、他の多くの欠点を補って、なおあまりある。

このとき、欠点に焦点を当てて否定的な評価を与えるのではなく、一点だけ秀でた長所を大きな可能性として肯定的にとらえることが大切で、**少なくとも、そこに前例や経験によるブレーキをかけるべきではありません。**

そうした常識の外へはみ出す**「発想の暴走」**がないと、大ヒット作や圧倒的な成果・成功にはなかなか結びつかないのです。

第1章で、企画をトップに直接訴える「直訴の話」をしましたが、これも仕事上の「暴走の一種」といえるでしょう。

定石にしたがっていれば仕事は楽かもしれません。無事平穏のうちに一日が過ぎてもいくでしょう。**でも、無難という方法はよくて平均値しか生み出せないし、現状維持は必ず後退を呼び寄せるものです。**

だから、**仕事でもう一段のレベルアップを図りたかったら、前例や経験のしばりを破って、常識の向こう側へ突き抜けていく型破りの発想、思考、行動が必要にな**

ってきます。それが私のいう「元気のよい暴走」なのです。

わが社では、「サウンドハブラシ」なる子ども向けの歯ブラシを発売していま
す。

スーパー戦隊シリーズやドラえもんとかプリキュアシリーズといったキャラクターの絵柄がついた商品ですが、歯ブラシをスタンドから外すと、自動的に音声が流れ、子どもたちの好きなキャラクターの声で歯磨きの手順などを教えてくれるという仕掛けになっており、既成概念を一歩はみ出した面白さがあります。

これをさらに発展させて、たとえば、歯ブラシ自体が動き出して「早く磨いて！」と子どもにアピールすることはできないか。あるいは、子どもの手元まで移動していくようにはできないだろうか。

一例ですが、そんなふうにアイデアを――突拍子もない方向でもいいから――どんどん暴走させていく。その発想の飛躍に、常識やそれまでの経験、多数の意見によるブレーキを自分でかけてしまわないことが大切です。

少数派の自分を大切にすることは、「元気よく暴走する」ためにも、きわめて大事なことといえるのです。

知識、技術、ノウハウはどんどん「越境」させたほうがいい

私が社員に対して——ある種の危機感をもちながら——「暴走せよ」としきりに口にしはじめたのは、バンダイとナムコの二社が経営統合（二〇〇五年）したことがきっかけです。

それぞれ文化や風土の異なる会社が一緒になるのは、木に竹を接《つ》ぐようなむずかしさがあるから、なかなかうまくいかないというのが通り相場になっています。でも、**私は経営幹部のひとりとしてその話を聞いたとき、時宜《じぎ》を得たいい話じゃないかと思いました。**

ゲームが得意なナムコと、玩具で独自な分野を切り拓いてきたバンダイ。この二社が組めば、大きな相乗効果が望めるはずだ。ナムコのゲームとバンダイの玩具を合わせたら面白いものがいっぱいできるだろう。単純に、そう思ったのです。

ですから、統合の話が水面下で出たとき、役員のなかではおそらく私がいちばんの統合推進派だったはずです。だが現実には、最初からそうそうまくは運びませんでした。

その最大の理由は「遠慮」です。

〝お見合い結婚〟をして、同じひとつの家に住んだのはいいのですが、以前のまま、互いが別の部屋にいて別なことをやっているようなもので、それぞれの分野、領域の垣根を超えた人事交流、あるいは情報やノウハウの積極的な交流に、最初のうちはやはりためらいや気おくれがありました。

二社はゲームとおもちゃで事業領域の重なることが少なく、それだけに統合によって幅広い分野をもつことができるはずでした。

しかし領土は大きくなったのに、国境は以前のまま残っている。その国境を超えての領土領空の侵犯はしない。この仕事はバンダイのテリトリー、あれはナムコの得意分野。だから手を出すことはできない——そんなヘンな「遠慮」が互いにあったのです。

それでは相乗効果など望めません。「遠慮」は最大の阻害要因です。

上層部にも当初、農耕系でじっくりものづくりに取り組むナムコと狩猟系でスピード感のあるバンダイでは、そもそも体質も仕事の仕方もちがうのに、それを形式的に無理にくっつけようとするあせりがあったと思います。

このままでは、新しい組織の空気も不活発に沈滞するばかりだ——そう危機感を覚えた私は、「元気よく暴走せよ」とゲキを飛ばしはじめたのです。つまり、ここでいう暴走とは、遠慮することなく互いの事業領域を超えて、積極的に交流せよという**「越境のすすめ」**のことでもありました。

それぞれがもつ知識、技術、ノウハウ、情報を共通のソースとして大いに利用し合い、新しいもの、面白いものを作っていこう。バンダイの強み、ナムコの強み。それらを双方向に活用し合って、より高い付加価値をもつ商品を送り出そう。

なんといっても、ゲームやおもちゃメーカーの最大にして最終の目標は遊びをクリエイトして、お客様を楽しませることにある。その目標に忠実であるなら、多少の無茶や常識破りはかまわない。事業領域の侵犯も大いにけっこう。むしろ、その暴走を歓迎する。

それでもし、何かトラブルがあったら、上層部が調整や解決に乗り出す。だから一人ひとりの社員は「安心して暴れろ」。それぞれが権限と責任をもち自主独立の気概をもって仕事にあたるべし。

そういう強いメッセージを発信したつもりでした。

遠慮なく「越境」し、「元気よく暴走」する。

それを胸に抱いた人のパフォーマンスは、「単純に面白い」という確率が、明らかに高くなるのを感じます。

「走りながら考える」拙速型のほうが、いい仕事ができる

おそらく、ただ「元気を出せ」とか「遠慮するな」といっただけでは、社員にそれほどのインパクトは与えられなかったはずです。自画自賛するつもりはまったくありませんが、「暴れろ」「暴走せよ」という力感のある、ちょっと乱暴な言葉を使ったからこそ、それにつられるように社員の意識に積極性が生まれ、彼らがテリトリーを越境していく後押しにもなったのだと思います。

その効果がどの程度のものであったのか正確には判定できませんが、今は互いの遠慮もかなり消え、交流もさかんに行われて、統合は成功だったといえる風通しのいい組織風土ができつつあるのではないでしょうか。

もちろん、暴走といっても、わがまま勝手で無目的な行動を奨励しているのではありません。**単に暴走せよとはいわずに、「元気よく」という前提をつけた意味もそこにあります。**元気よくとはすなわち、一線のルールを守ったうえでポジティブに楽しく仕事をしようということです。**「健全で前向きな常識破り」をしようという意味です。**

その暴走が字義どおりの、目的も方向性もよくわからない無茶な企画であったり、採算を度外視したものであったりする。あるいはモラルや公序良俗に反する、ユーザーの安全にかかわる。そんなマイナス企画であってはダメなのはいうまでもありません。そこには、いつも経営陣による厳しいチェックの目が入ります。

しかし、その条件さえ守っていれば、あとはいくら自由に走ってもかまいません。

アイデアを生み、企画を進めるについては慎重よりもせっかちなほうがいいのです。**巧遅よりも拙速を優先するスピード重視のやり方のほうが、ヒットにつながる確率が高まるからです。**

巧遅型は安全策につながりますが、往々にして多数派の意見をまとめたり、多数派に好まれるものが多く、そのぶん開発に時間もかかって、発売の最善のタイミングなどを逃しやすいものです。企画をこねくりまわすうちに面白さの角がとれてしまう。そんな欠点もあります。

スピード重視の拙速型にも、ミスや失敗が起こりやすい欠点はありますが、**同時に、まずやってみてダメだったら、そこでまた後戻りしたり、やり直したりする。そういう修正を早く行える利点があります。**

つまり、早くはじめたほうがまちがいや失敗も早い段階で発見できる。したがって、方向性の再検討やリカバリーも早くできる。その解決が早ければ、次の段階へも早く進める。そのように機動性を高められる利点が、「走りながら考える」拙速型にはあるのです。

わが社でも若手の幹部クラスを集めた研修会を行っていますが、そこでときどき見られるのが、時間をかけて優れたプランを立てたがゆえに、その当初の成案にこだわって、変更や修正をすみやかに行えなくなるパターンです。

じっくりつくり上げた「完全」な案であるだけに深入りしやすく、途中で問題点が見つかったときにも、すぐに改善を加えたり、最初の地点まで戻って一から練り直したりする柔軟性に欠けてしまう。優秀な人材ほどこんな視野狭窄に陥りやすいようです。

走り出す前に、あれこれ考えてばかりいても、チャンスは生まれないでしょう。目の前にあらわれたチャンスを見逃してしまうことにもなる。

まず、走り出してみる。

しかるのちも、走りながら考える。

こうした「見る前に跳ぶ」やり方のほうがチャンスロスという失敗はずっと少ないし、かりに失敗があったとしても、それを十分に挽回《ばんかい》できるスピード感にも恵まれます。そのため、トライアル&エラーを重ねることで、大ヒットや大きな成果・成功への精度を上げられるアドバンテージがあるのです。

「カッコよさ」とは鋭さと泥臭さの「複合体」である

私は還暦を過ぎる年齢になった今でも、「カッコいい」という言葉が大好きです。といえば、いささか軽薄な印象を与えるかもしれません。企業経営者ともなれば、むずかしい四文字熟語やら中国の古典からの引用などを座右の銘にするほうが重々しくていいのかもしれない。

しかし、私にとって素直に好きだ、いいなと思えるのは「カッコいい」という言葉で、自分自身のあり方も、できればカッコよくありたいと思っています。

この「カッコいい」の意味は多様で、定義はなかなかむずかしいのですが、一般には、洗練されている、スマートであるといった意味で使われることが多いと思います。**でも、私のいうカッコいいは、それだけにとどまりません。**

たとえば、外見は典型的なツッパリ姿で、不良にしか見えないお兄ちゃんが、駅前の駐輪場に横倒しになっていた自転車を人知れず一台一台起こしている。あるいは、電車の中でお年寄りに席を譲っている。こんな場面に出くわすと、「おっ、やるな。カッコいいな」と思います。

また、私の家の近所に、齢《よわい》九十を超えても、毎朝十時になると一人でショッピングカーを押して買い物に出かけるおばあちゃんがいました。背筋などもしゃんと伸び、挨拶《あいさつ》もはきはきした口調で交わす。元気というだけでなく、凛《りん》としたたたずまいの威厳さえ感じさせる人で、これまた、つい頭が下がるような「カッコよさ」でした。

私が「カッコいい」と感心するのはこういう人たちで、**そこには、こちらの先入観や固定観念を「いいほう」に裏切ってくれる意外性があります。あるいは、あえて主張するのではなく、おのずとにじみ出るような内面の美しさがあるように思われます。**

仕事の場面でいえば、たとえば鋭いアイデアを生み、優れた企画を提案するだけではカッコよさの半分でしかない。**それをひとつの形にするまでの長いプロセスを粘り強く積み上げていく泥臭さも発揮して、初めて「カッコいい」仕事をなしたことになります。**

その意味では、**カッコよさとは対極にあるような「泥臭さ」という要素も、カッコよさをつくる大事な要素のひとつです。**そんな鋭さと泥臭さの両方をもち合わせた、真にカッコいい仕事を若い人には目指してほしいと思います。

ゲームの世界にも、優れた発想からヒット作を連発するスタークリエイターがいますが、彼らがただ鋭いだけの人だったら、そのカッコよさは長続きしないはずです。表舞台で長く活躍している人は必ず、人目につかない裏側で地道な努力を積み重ねているものです。しかも、その苦労を周囲には悟らせず、表向き涼しい顔で楽しそうに仕事をしている。それがまた二重にカッコいいのです。

反対に、ただ単に表舞台に立っている人、スマートにふるまう人、鋭いだけの人。

こういう地道な努力や泥臭さの裏づけのないカッコよさは安っぽいメッキみたいなもので、遅かれ早かれはがれ落ちてしまうものです。

とくに若い人は、こうしたカッコよさのもつ二面性、二重性の機微を理解して、真にカッコいい仕事とはどういうものかを意識しながら、いつも仕事に打ち込んでもらいたいと思います。

新製品の発表会などで、ジーンズ姿のＣＥＯがイヤホンマイクを装着して製品の新しさをアピールする。アップルのスティーブ・ジョブズ氏以来、そんな光景もめずらしくなくなっていますが、カッコいいのは晴れ舞台でスポットライトを浴びる人間だけではなく、彼をそこに立たせた多くの裏方もまたカッコいい。

ですから、もし、あなたの役まわりが人目につかない裏方だとしたら、その地味な仕事にもカッコよさを見出す、あるいはカッコよさをつくり出す。そんなカッコいい人間であってほしいと思います。

どんな職種でも「自主独立」にこだわってみる

話が脇道《わきみち》へそれたようですが、では、カッコいい仕事をするためには何が必要なのか。それを少し考えてみましょう。

まず、カッコいい仕事のためには「自主独立」の精神がきわめて大事になってきます。

コンピューターの世界は、パーソナルコンピューターの登場によって、その性能も可能性も風景も一新されました。

それ以前は、一台の大きなホストコンピューターと接続することで、各自のコンピューターは機能していました。それぞれが親の庇護《ひご》がなければ一人前ではない子どものような存在で、ホストコンピューターを核にした中央集権型の世界です。

それがパソコンの登場によって、それぞれの機器はホストコンピューターという親から独立して自己完結型の機能をそなえることになりました。このスタンドアローン型の機器の開発がコンピューターの世界を一変させることになったのです。

同じような意味で、自主独立性というのは、人間のカッコいい仕事にも欠かせない条件のように思えます。 上司の指示や命令がないと仕事ができない。上司にいわれたことだけやるのが仕事だ。こんな親がかりの仕事ぶりは「カッコ悪い」ものです。

仕事における自主独立というのは、自分の意志で仕事を決め、やり遂げること。**それがどんな種類の仕事であっても、「自分はこの仕事をこういうやり方でやる」という方法論をもっていることです。**

つまり、自分流の意思、方法、流儀でもって仕事をなし、相応の結果を出せる人です。

そういう自主独立型の人材に、会社も期待をかけ、さらに大きな仕事を与えていく。それによって自分自身の力も伸びて、より大きな成果を上げていく。こういう好循環が生まれるのです。

自分流を突き詰めるために打ち込むこと、こだわり続けることもまた、ひとつの「元気のいい暴走」です。自分のやり方が少数派だったとき、そのやり方を変えることばかり考えるのではなく、その「少数派の自分」を大切にして、自主独立型の人材になることも大切なのです。

「自主独立」に職種は関係ありません。

私は管理の仕事だから、独自の意思や流儀を働かせる余地なんかない、従前のやり方を踏襲するのがいちばん効率的だ、と思う人もいるかもしれません。でも、こういう人だって、そこに自分流の創意工夫をこらす余地は必ずあるものです。

極端な例かもしれませんが、データのまとめ方ひとつとってみても、より見やすいまとめ方や使いやすいまとめ方がきっとあるでしょう。そのために人知れず、自分なりの工夫をし、自分流の方法論を編み出している人が必ずいると私は思っています。

また、その努力が表舞台には立たない裏方の仕事にも誇りを与え、カッコよさを生むのだ——そうも思っています。

「なんのために」を明確化することが意欲を生み、結果を生む

もうひとつ、自主独立でカッコいい仕事をするために必要な条件があります。**それは、自分のしている「仕事の意味」を理解することです。**

たとえば、上司から「この仕事をやっておいてくれ」と頼まれたとき、ただ手順にしたがって作業をこなすのではなく、その仕事が「なんのために」必要なのか、その意味や目的、全体のなかでの位置づけなどをよく理解して行うことが大切です。

それをすることで、何がどう変化し、どんな便益が周囲や社会に生まれて、誰が喜んでくれるのか——**そういう仕事の先にひらける可能性を考えながら仕事をする**

のとしないのでは、仕事への意欲や姿勢だけでなく、その成果、当人の能力の伸長などに大きな差が出てくるからです。

また、それをよく考え、理解することで、では、こういうやり方で仕事をしようという自分なりの方法、流儀も見えてくるはずです。

最近、テレビでは日本の職人の仕事ぶりを紹介する番組が増えていますが、腕のいい職人さんほど、この仕事の意味と目的をはっきり理解しているようです。

先日、見た番組では、心臓の手術にも使われる精密な「ヤスリ」を作っている職人さんを紹介していました。

その職人さんいわく、「いつも、使う人の便利さ、使いやすさを考えて仕事をしている」とのこと。つまり、この人にとって仕事の最大の目的はじつに明確で、それはお客様の便益に徹底的に奉仕することにあるのです。お金を儲《もう》けよう、世間に名を知らしめようという点にはまったくありません。

この「なんのために」という意味が明確な仕事は必ずいい仕事でしょうし、そこ

に創意工夫も進歩も生まれてくる。そういう仕事こそ「カッコいい」のです。

なんのためにこの仕事をするのか?

その意味が明確になれば、それはその人の意欲にも直結してきます。目的がはっきりしている仕事とそうでない仕事の、どちらが人々のやる気をうながすか。考えるまでもないでしょう。

その点では、仕事の意味をきちんと理解することはスキル以前に、スキル以上に大切なことであり、それ自体が「カッコいい仕事」をするための重要な能力であるといえます。

自分を成長させたかったら「仮想敵」をつくりなさい

職人の世界では、必要な技術は「見て盗め」などといわれます。

親方から言葉で教えてもらうのではなく、先人のやり方を見ながら、真似《まね》をしながら、自分自身で考え、体で覚えていかなくては真の技術は身につかない。こういう考え方が、職人さんのあいだではまだ生きているようです。

「仕事の本当の勘どころは、言葉では伝えられない領域にある」ということなのかもしれません。

私もこれにおおむね賛成で、仕事のやり方をああしろ、こうしなくてはいけないなどと人にくどくど説明するのも、されるのも性に合いません。言葉よりも行動で示してくれる上司がいいし、自分も部下に対してはそういうふうに接してきたつもりです。

部下の立場からいえば、上司や先輩社員などの仕事のやり方を見て、「あの方法はいいな、真似してみよう」とか「自分なら、ああいうやり方はしない」といったように、さまざまな実例から学びながら〝自分流〟のやり方を体得し、「自主独立」を確立していく。それが自分を成長させ、「カッコいい」仕事を生み出しつづける――迂遠《うえん》なように見えて――確かな道だと思います。

カッコいい仕事をするためには、「仮想の敵をつくる」のも、自分をもう一段進化させるという意味で、有効な方法といえます。

――仮想敵。

すなわち、あいつには負けない、あいつを超えたいというライバルです。あるいは、先行するあの製品よりもいいものを作りたい、なんとしてもあれを凌駕《りょうが》したい。そんなふうに向上への大きな刺激やエネルギーを与えてくれる「敵」を想定して、日日の仕事に励むことが自分の成長にとって豊かな糧となるのです。

もちろん、この敵はあくまで仮想のもので、相手にケンカを売れなどといっているのではありません。**でも、単なる目標ともちがいます。**

目標みたいに数字で測定できる客観的な指標ではなく、**もっと根源的な次元から意欲やエネルギーをかき立ててくれる相手。**そういう「敵」というのがふさわしい相手を、自分のなかに設定することがあなたを強く動機づけてくれるのです。

それは先輩社員でもいいし同僚でもいい。同業他社のライバル社員でもいい。**そうした仮想敵をもつことは、「自分のすべきことを明確化してくれる」という利点をもたらしてくれます。**

私自身も三十年以上におよぶ会社員生活のなかで、そのときどきで仮想敵をこしらえ、彼らから刺激を受けながら、彼らに負けまい、彼らを超えてやろうと自分の発奮材料にしてきました。

そのなかには、「ああいうふうになりたい」という教師もいれば、「ああはなるまい、あんなふうにはしまい」という反面教師もいました。しかし反面教師も教師のうちで、むしろそちらのほうが大きな発奮材料ともなれば、自分を成長させる豊かな栄養分ともなったような気がします。

そして今、私が仮想敵としてひそかにマークしている相手。それはディズニーです。

「……寝言を言ってるのか？」

そんな声が聞こえてきそうですが、ディズニーはいずれバンダイナムコが到達したい理想形のように私の目には映ります。

世界的に有名な強力なコンテンツを次々に生み出し、それを中核にテーマパークや映画、放送、音楽などへのマルチ展開を巨大なスケールで行っている。そんなディズニーの業態や規模、戦略や方向性は、スケールこそ異なれ、同じ土俵にいる私たちバンダイナムコにとって、「こうありたい」と目指す形をまさに体現している企業なのです。

したがって、大いなる尊敬の意味も込めて、私はディズニーを仮想の「敵」と見立て、内心ひそかに闘志を燃やしています。私が生きているうちには無理かもしれませんが、なんとかその背中を視野に入れるくらいまでには追いつきたい――そう考えています。

苦しいときこそ前向きな話をしたほうがいいのは、なぜ？

新世紀がはじまった二〇〇〇年代の後半、バンダイナムコにとってもっとも苦しい、最大の危機ともいえる時期がありました。当時は、リーマンショックによる世界的な不況に加えて、前にも触れたバンダイとナムコの経営統合（〇五年）にともなう両社のカルチャーの融合がなかなか軌道に乗らない時期だったこともあって、わが社の業績が急激に落ち込んでしまったのです。

売上高は統合前の両社の単純合計を大きく割り込んで、当期純利益でも三百億円近い赤字を出し（〇九年度）、二〇〇名にもおよぶ人数の希望退職を募るなど、きわめてきびしい状況に追い込まれました。

内部的には、統合によるシナジー効果をあせった、私をはじめとする経営陣の落ち度も否定できません。その結果、現場がトップダウンを待つようになって社員個々の自発的な力が弱まり、スピード感も鈍ってしまいました。

そうしてお客様との価値観の乖離《かいり》がはじまり、市場の変化の速度についていけなくなった——そのあたりがピンチを招いた主たる要因でした。

私は持株会社であるバンダイナムコホールディングスをトップで束ねる立場にありましたが、もっとも業績ダウンの激しかったバンダイナムコゲームス（現バンダイナムコエンターテインメント）の社長にも復職して、兼務で、その立て直しに当たることになりました。

立て直しのためにいろいろな手を打ったつもりですが、そのなかでもとくに重要なことのひとつが、「苦しいときこそ、前向きな話をする」ということです。

具体的には、これまでのヒット作を次々に示して、われわれがこれまでに経験した過去の成功体験の話をくり返し、社員たちに伝えたのです。そのときの原稿の一部がまだ残っていますから、少し紹介してみると、

「……（スライド映写で過去のヒット作を見せながら）……『マリオカートアーケードグランプリ』では、京都へ何度も交渉に出向き、任天堂のマリオとのアーケードでのコラボレーションを実現しました。『太鼓の達人』は業務用、ニンテンドーＤＳ、Ｗｉｉ向けと幅広く展開し、業務用もアップデートを続け、ロングセラー商品として成功しています。『湾岸ミッドナイトマキシムチューン』は、国内はもちろん、アジア圏、欧州など世界各地に市場を広げ、先行するライバル商品を駆逐しました。『たまごっち』のニンテンドーＤＳソフト、プレイステーション２のソフト『ドラゴンボール』、いずれもワールドワイドでミリオンを超えています……」

などなど、みずから「ヒット！　ヒット！　ヒット！」と題した、スライドつきのサクセスストーリーを私は機会を見つけては話しました。しかも、一年間にわたって伝えつづけたのです。

その目的はもちろん、社員に元気になってもらいたかったからです。元気がなけ

れば、暴走することもできないし、「よくない暴走」になってしまう可能性も高まります。沈滞する社員の心をポジティブな方向へ奮い立たせ、彼らの意欲にもう一度、やる気の火をつけてもらいたかった。そのために、多くの成功譚《たん》を、大小を問わず、次々にクローズアップしては社員に向けてぶつけるように伝えたのです。

これは一見、逆のように見えるかもしれません。

失敗や低迷期にあるときには、きびしい時期だから、がんばれと社員の尻《しり》をたたくのがふつうかもしれない。実際、なんでダメだったのかよく考えてみろとか、反省しろとか、そういう後ろ向きの言葉で叱咤《しった》激励するリーダーも少なくないようです。

しかし、私にはそれこそ逆効果のように思えます。苦しいときに懺悔《ざんげ》や反省を強いるのはメンバーの心や意欲をよけいに萎縮《いしゅく》させてしまう。

それよりも、きびしい状況は承知で、それを払拭《ふっしょく》するような前向きな話をする。

苦しいときだからこそ、あえて明るいポジティブなメッセージを伝える。うまくいかなかったことよりも、うまくいったことに、より強くフォーカスをあてる。

そのほうが社員たちのマインドを上向きにし、自信を取り戻させるためにはよほど重要なことだと思うのです。

それもできるだけ具体的な実例をあげて、わかりやすく多くの人と成功体験を共有することが大事です。失敗論と同じく成功話を抽象的に伝えても、聞くほうには通りいっぺんにしかひびかないものです。

この企画は、こんなプロジェクトをつくって、こんな方法でやったから成功した。そうした事例をスライドで商品を映し出して社員の視覚に訴えるなど、論理よりは「実感」を通じて、成功体験を深く浸透させていくことが大切なのです。


実際には、その一方で失敗の分析などけっこうきびしい話もしているのですが、総じて元気でポジティブな話をして、過去の失敗にくよくよとらわれるよりも、これまでの成功を土台にして、そのうえにさらに大きな成功をこれから築いていこう。そんな論調に終始したつもりです。

それで成果がどれだけ上がったか、数量化はできませんが、その後、社内の雰囲気や個人のモチベーションも上向きになり、社員の明るい元気な姿が少しずつ増えていったという実感はあります。そうであれば、この成功体験の共有は社員の前向きな気持ちを醸成するのにわずかなりとも役立ったのかもしれません。

なにより、翌年には業績が大きく改善してV字回復を遂げていった事実は、この苦しいときこそ前を向き、「元気のいい暴走」を絶やさないことの効果を明確にあらわしているのではないか。私はそんなふうに、ちょっとうぬぼれてもいます。

一万円の「ミニ社長賞」が教える、リーダーにとって大切なこととは？

経営者にかぎらず、大なり小なり、チームをまとめるリーダーにとって、いい雰囲気を維持しつづけるのは、きわめて大事な仕事です。

その雰囲気づくりに関連してつけ加えておけば、**私はバンダイとナムコが統合したころから、「ミニ社長賞」というものをときどき社員に配っています。**

公式の社長賞は年一回ほどありますが、それとは別に、一万円の入った祝儀袋をふだんからカバンに持ち歩いていて、社員が会議のためにいい資料を用意してくれた、業務改善のためのアイデアを出してくれたなど、ふだんの仕事のなかの小さな場面で、私が個人的に感銘を受けたり感動を覚えたりしたときに、すぐその場で本人に手渡すようにしているのです。

最初は、ある社員がとても気の利いた配慮、気づかいを見せてくれたことに私が感心して、口でほめるだけでなく、感謝の気持ちをより直接的にあらわしたいと思ったことをきっかけにはじめたものでした。

したがって、あくまで非公式な賞で、手渡された本人以外は知らないケースもたくさんあります。私的なものですから、あまりひんぱんには出せないし、私も「ほんの気持ち」を素直に伝えたいだけで、大げさにするつもりもありません。

とはいえ、やはり苦しかった時期には、社内の空気を盛り上げるのに少しでも役立てばと思い、このミニ社長賞を意識的に多く出したものです。

以前、研究部の技術者が鏡を使った実験をあれこれとやっていたので、なんの気なしに「簡単なプロンプターを作れないかな」と漏らしたことがありました。

それきり忘れていたのですが、一週間もたたないうちに、彼が「社長できました」と現物を持ち込んできたのです。見れば、立派に役に立つプロンプターです。「お、すごいじゃないか」と私は感心して、さっそくその場でミニ社長賞の授与にいたりました。

こっちの要望を忖度《そんたく》して、人知れずそれに速攻で応えてくれた——**私はこういう仕事を「カッコいい」と思うし、それに対しては素直に応えたいと思います。**それがまた、潤滑なコミュニケーションや、「元気よく暴走する」後押しになると考えています。

ナムコは中村雅哉さん、バンダイは山科直治さんというカリスマ的経営者が創業した会社です。お二人はその強い個性とリーダーシップによって社を率いてきましたが、サラリーマン社長である私にその真似はできません。

けれども、社員と同じ目線、同じ気持ちをもてる強みがサラリーマン社長にはあります。彼らが日ごろ何を求め、何を必要としているか。一人の社員として働いてきた私には、よく理解できるつもりです。

私は社長でしたから「ミニ社長賞」と称して一万円の入った祝儀袋を携えておりましたが、もちろん、社長という立場でなくても、リーダーとして一人でも指導する立場にある人であれば、誰でも実践できる内容です。

名称はどのようなものでもかまいませんし、現金である必要はまったくありません。**一緒にごはんを食べに行くでもいいですし、感謝の気持ちをあらわすものであれば、一本の缶コーヒーでもかまいません。**

「元気よく暴走」しながら、自主独立のカッコいい仕事をする。

その一方で、**部下や教え子、もしくはライバルの「カッコいい仕事」に対して、気持ちよく感謝や称賛の気持ちを表現する。**それが、自分の周囲に「いい雰囲気」を生み出し、相手だけではなく、自分自身の仕事のパフォーマンスにも影響して、より大きな仕事、より大きな結果に結びつくのです。

第3章
数字より面白さにこだわれ！

仕事は「何を」と「何が」の両輪で考える

売れる商品を作ろうとするとき、おおまかに次の二つのアプローチがあるように思います。

1. 何がヒットするか
2. 何をヒットさせるか（させたいか）

前者は、「何がヒットするか」という考えをベースに発想し、製品開発をしていくやり方。後者は、「何をヒットさせるか（させたいか）」という地点から発想、開発する方法です。

もう少しくわしく説明すると、前者の「何が」式のアプローチは、世の中の動きやトレンドを見て、そこから売れそうなものを導いてくる帰納法的なやり方といえます。

詳細なマーケットリサーチの分析にもとづいて、いま社会の傾向はこんなふうで、それを背景にこういうものが流行《はや》っているから、その動向に合わせて、こうした特長をもった製品を送り出せば、高い確率で売れるだろうという、多数の支持を得やすいやり方ともいえます。

既成の流れをよく読んで、その流れに合致する特性をもつ製品をスピーディに市場に当てはめていく方法です。

一方、「何を」式は世の中のトレンドとは別に、自分たちの手がけたいもの、面白いと思うものをオリジナルな発想やアイデアをもとにじっくりと生み出していくアプローチです。

独自のコンテンツをもつ新しい製品を自分発（自社発）で市場に送り出していこうとする、よりチャレンジングな姿勢といえます。そのため反対意見が出ることもありますが、「少数派のエネルギー」がまわりを「巻き込んで」いくことで、市場に出ていきます。

「何が」が、マーケットの客観的な分析をもとに売れ線を「予測」する方法とするなら、「何を」は、作り手の「思い」をマーケットに訴える主観的なやり方であるともいえます。

このどちらが優れていて、どちらが劣っているかという優劣や是非をここでいいたいわけではありませんが、われわれのようなゲーム業界では、「(私は)何を作りたいのか」「(私たちは)何をヒットさせたいのか」という主観的視点から発想する姿勢を、いつも根本にもっていなければならないと私は考えています。

世の中の流れがどうであれ、「おれはどうしても、これを作りたいんだ」――こういう熱っぽい思い入れを根っこにもっていないと、世の中に〝ムーブメント〟を起こすような面白いもの、新しいものを生み出すことはできないからです。

むろん、思いや情熱だけでヒット作が作れるわけではありませんが、それなしで、ただマーケットの動向ばかり気にしていたり、客観的分析に血道をあげていたりしても、これまた「いいもの」が作れないのもたしかです。

したがって、大切なのはやはり、「何を」と「何が」の二つの考え方を車の両輪として備えていることです。

とくに企業ビジネスを考えた場合、この両者をバランスよく保持していることはヒットや成長に不可欠な要素であり、バンダイナムコが二〇一五年度過去最高売上高を出すことができたのも、それぞれ二方向からのアプローチによるヒット作がバランスよく配分されていた結果だといえます。

たとえば、私がエグゼクティブ・プロデューサーの立場で手がけ、幸運にも大ヒットを記録した「アイドルマスター」や、「機動戦士ガンダム」といったわが社が開発に携わったキャラクターやコンテンツを擁するヒット作を生み出す一方、「スーパー戦隊」や「プリキュア」など他社と組んだシリーズ物も堅調な売れ行きを維持している。

そんなふうに、オリジナルの発想から作り出した**「何を」**と、市場のトレンドに合致させた**「何が」**の、それぞれの製品群、あるいは戦略や考え方がいずれか一方にかたよることなく、ほどよいバランスで両立している。

こういうとき、その人、その製品、その組織の力は大きく伸長していくのだと思います。

マーケットを追うほど、絶対に市場は反応しない

「何を（ヒットさせるか）」と「何が（ヒットするか）」という二つの要素をバランスよく保つ――しかし、それは必ずしも、それぞれを別個に、また均等にもてという意味ではありません。

かりに今、あなたが「何を作りたいか」の思いを起点に、独自の発想やアイデアによる企画を進行しているとしても、ただそれだけで突っ走るのではなく、その企画を単なる思い込みや独りよがりに終わらせないために、マーケットの観察、分析

も怠らないことが大切です。

すなわち、「何を(作りたいか)」型のアプローチをしているときも、そこに「何が(売れているか)」という客観的な視点を加味していく姿勢が大事になる、ということです。

この逆もまた同様で、たとえば、あるヒット作の第二弾を出そうとするときも、前に売れたものを単に後追いする「二番煎《せん》じ」ではダメなのです。たとえ既成のトレンドに合わせた製品を作るときにも、そこに必ず新しいアイデアやオリジナリティを加える努力、付加価値をつける努力をしなければいけません。

すなわち、「何が(売れているか)」型のアプローチをするときにも、「何を(つくりたいか)」の主観的な思いを忘れてはいけないのです。

どっちの方法で仕事をしていても、もう片方の視点や考え方が必ず必要になるということであり、したがって、この二つはゼロサム的な対立関係ではなく、相互を補完する関係にあります。

当然ながら、「何を」と「何が」の二つの考え方の融合、もしくは衝突から、いいものや売れるものは生み出されてくる。私はそう思っています。

とくに、ものづくりに携わる人間ならずとも避けなくてはいけないのは、いま述べたごとく、マーケットへの安易な追随です。「何が」を追うあまり、「何を」をおろそかにしてしまうことです。

なぜなら、ヒットした前作のバージョン2、バージョン3を作っても、それがなんの付加価値の上乗せもない単なる反復であるなら、市場がかんばしい反応を見せることは、絶対にありえないからです。

最初は百万売れた品でも、その第二弾は五十万、第三弾は二十万とじり貧になって縮小再生産の道をたどることになります。

しかし、そうとわかっていながら、なかなかその誘惑を断てないのも事実です。その点では、バンダイナムコでも過去たくさん苦い思いをしてきました。

なぜ、そうなってしまうのか。

それは、飾らずにいうならば、つい目先の利益を追ってしまうからです。営利企業である以上、数字は至上命題で、その数字を確保するために、売れている既成品の安易な後追いをしがちなのです。あるいは、期末の数字合わせをするために、本来なら一年かけて開発したい製品を半年で急ごしらえして市場に送り出したりする。

当然、製品のクオリティは落ちます。しかし、前作のネームバリューがあるから、ある程度の売り上げは見込める。そこでまた、柳の下の何匹目かのドジョウを狙《ねら》う。さらに売り上げは縮小する。こんなマイナスループにはまって、面白いもの、新しいものをどんどん作れなくなってしまうのです。

私が、自分自身へのいましめも込めていいたいのは、こういう目先の利を追う安易さです。これは必ずや人間の知力、独創性を奪います。だから、普段から口を酸っぱくして、**「何が」を追うときにも「何を」による付加価値を上乗せする工夫を忘れるなと訴えています。**

たとえばバンダイナムコの代表的な格闘ゲーム、「鉄拳《てっけん》」シリーズは、現在「鉄拳

7FR」まで進化を続けていますが、決して単純な反復ではなく、前作を超える面白さ、新しさを入れて前作を超える付加価値を上乗せしています。

ただし、クリエーターというのはときに、「面白さだけを最優先してしまう」という独りよがりに陥ることがあるものです。いわば、「何を」を偏重するあまり「何が」を軽視する姿勢ともいえますが、それは、「何が」に追従して「何を」をおろそかにする姿勢と裏腹の関係にあります。

むろん、どっちに偏ってもダメで、その二つの考え方をうまく併存させるバランスが企業や人の成長にとってとても大事なファクターになってくるのです。

目指すなら「圧倒的なナンバーワン」を目指しなさい

私はよく**「圧倒的なナンバーワンを目指せ」**といっています。企業全体としてもそうですが、そこで働く一人ひとりが、それぞれの持ち場で仕事をしていくときには単なるナンバーワンではなく、「圧倒的なナンバーワン」を目指してほしい――そんなことを話すのです。なぜなのか。

ここでいう「圧倒的な」の意味にはいくつかあります。

ひとつは、「目標をできるだけ高く設定せよ」というメッセージです。ありきたりなようですが、徒競走でいうなら、クラスでいちばん、学校でいちばんではなく、オリンピックに出られるくらいの圧倒的な力をもってほしいと思っています。

課でいちばん、部でいちばん。そこからはじめて、社でいちばん、さらに社外へ出してもいちばん！

高い目標をかかげて、達成するために日ごろから切磋琢磨《せっさたくま》してほしい。そんなメッセージを「圧倒的な」という言葉に込めているのです。

このことについては以前、「二番じゃダメなんですか？」といった人もいます。しかし私の経験則からいうと、事前の目標と実際の結果には必ずといっていいくらいマイナスのラグが生じるものです。

つまり、十を目指した人間が手に入れる成果はよくて八くらいというのが人間の力量の、いつの時代も変わらぬ現実なのです。ですから、十の成果を得たかったら、少なくとも十二くらいの水準に目標を置かなくてはならない。

「そこそこヒットすればいいや」という考えからは、そのとおり、よくて小ヒット程度の製品しか作り出せません。いいかえれば、大ヒットを目指して、初めてヒット作を世に送り出せるのです。

だから、つねに高いハードル設定を自分に課して、圧倒的な力を自分のなかに蓄える努力をしてほしい。私がいいたいのはそういうことなのです。

そしてもう一つ、「圧倒的なナンバーワン」という言葉には「数字」や「規模」にとらわれるなという意味も込めています。単にナンバーワンを目指せというと、ナンバーワンの「範囲」が数字や規模に限定されてしまう恐れがあります。

自分の手がけた製品が売り上げナンバーワンを記録した、わが社の今年の営業利益は業界第一位である――**こういうランキングや競争上のいちばんも、むろん大事にはちがいありませんが、私にいわせれば、それは「圧倒的な」ナンバーワンではありません。**

私がいうのは数字や規模の話を超えて、他の追随を許さないほど頭抜けた水準まで個人の力を高めること、製品やサービス、ひいては自社の価値を高めることです。**他との比較で優劣をはかるのではなく、自分のなかに「絶対的な強み」を確立すること。**それが「圧倒的」ということの意味であり、個人や企業はその絶対的なワン&オンリーの位置や力量をこそ最終的に目指すべきだと思うのです。

去年は一位だったが今年は二位に落ちてしまった、などという単なる数字的なナンバーワンだけを目指して、数字に一喜一憂していると、前項でいった「目先の利益を追う」落とし穴にもはまりやすいものです。

とにかく、ある期間だけいちばんになればいいと、やみくもにがんばって得たナンバーワンの地位は次のときには掌中《しょうちゅう》からあっさりこぼれ落ちてしまうでしょう。

あるいは、もし経営者が「自分が社長の椅子に座っているあいだだけ業績が上がればいいや」などと考えながら経営していたら——一時期ならともかく、長期にわたって——その会社が市場に「圧倒的な」地位を占めることはありえないでしょう。

一人の経営者として自戒も込めていうのですが、企業経営者というのは、十年先、五十年先、百年先を見据えて現在の事業を行わなければならない存在です。そして、そうであることは一人ひとりの個人の仕事においても同じことがいえます。

そう考えてくると、「圧倒的」という言葉には、現時点で優位かどうかではなく、将来的に成長するかどうか、という「のびしろ」のほうが強く込められているのかもしれません。いいかえれば、ものごとの本当の優劣というのは近視眼的ではなく、長い時間軸のなかではかるべきものだということです。

数字上のナンバーワンより「主観的な一番」のほうが価値はでかい

「圧倒的ナンバーワン」とは、数字上のナンバーワンとは意味がちがうという話をしましたが、**それを私は、「日本でいちばんおいしいレストランを目指そう」という言い方であらわしています。**日本でいちばんお客様がつめかけるでもなく、日本でいちばん売り上げが多いでもなく、「この店の料理が日本一おいしい」——そういってくれる人がいちばん多い店を目指そうというのです。

売り上げやお客様の数というのは数字です。数字とは客観的な指標です。一方、「おいしい」というのは味覚で、味覚はそれぞれの主観です。**その主観の評価でナンバーワンの位置を勝ちとろう。それこそが、私たちビジネスマンが目指すべき「一番」の中身です。**

自分たちの業界に置き換えるなら、「バンダイナムコの製品はいつも期待を裏切らない。だから、バンダイナムコの製品が好きだ」。そういってくれるお客様、そのファンの数で一番になりたいということです。

いいかえると、主観評価に「最大の価値」を置いて、数字などの客観指標には置かないということでもあります。むろん数字が大切なのはいうまでもありませんが、それを最優先するのではなく、主観的なナンバーワンを目指した結果、売り上げとか利益といった客観データにおいても一番になる。**その二つの順番をまちがえてはいけないということです。**

数字というのはとてもわかりやすい目安です。しかし一方で、記号的な指標でもありますから、実感がともないにくいし、「数字さえ上げれば……」という近視眼的な価値観に陥りやすいものです。

たとえば、トップが「時価総額一兆円を目指そう」と大号令をかけたところで、社員一人ひとりの実感に、その客観目標がピンとくるでしょうか。おそらく、毎日の仕事のなかにどう結びつけていいものか、どう落とし込めばいいものか、とまどうばかりだと思います。

それよりも、この地域でいちばん喜ばれるアミューズメント施設にしよう、子どもたちにいちばんワクワク楽しんでもらえるゲームを作ろうといった主観的な目印を立てて、それを目指したほうが、結果的に自然と数字もついてきます。

まさに、数字に依拠する「何が（ヒットするか）」ではなく、熱意に依拠する「何を（ヒットさせるか）」という視点で仕事をする、ということです。

こうした主観的指標を基軸とした視点や取り組み方を、私たちは忘れてはいけないと思うのです。その先に、主観的な「圧倒的ナンバーワン」が待ち受けているはずですから。

ちなみに、主観的な一番を目指すという点では、最終的には、ファンやお客様から「バンダイナムコが好きだ」といってもらうのが今の私の目標です。

われわれが市場に送り出す一つひとつの製品を通じて、「ある特定のゲームやおもちゃが好きだ」というよりも「バンダイナムコが作る商品全部が好きだ」とか、「バンダイナムコという会社全体に好感や期待をもっている」といったように、「バンダイナムコ・ブランド」それ自体のファンになってもらうことです。

「ソニーの製品ならまちがいない」

「アップルの作るものはなんでも好き」

こうしたブランド信奉は一朝一夕の信用力で築けるものではありませんが、バンダイナムコもまた面白い、楽しい、独創的な製品を市場に提供することを通じて、エンターテインメント分野におけるブランド力を確立したいと思っています。

なぜなら、ブランド力ほど明確に「主観的な一番」をはかる指標はないからです。

「仕事が好きな人」より「仕事が楽しい人」のほうが圧倒的な仕事をする

旧ナムコは横浜の百貨店の屋上に置かれた二台の電動木馬（遊戯器具）からはじまった会社です。ナムコを興した中村さんは、**「それを楽しむ人にはかなわない」**と述べて、好きな仕事を楽しみながら努力することの大切さを説き、クリエーターとは「遊びの創造主」であり、作り出すものに責任があるといっておられます。

みずからの仕事を好きになり、その仕事を楽しみながら努力することは、エンターテインメント分野でものづくりの仕事をしている人の心得、実践すべき仕事の鉄則でもあります。

私は、バンダイナムコは「面白さで勝つ人材経営の企業グループ」でありたいと思っています。働く人間が誰よりも面白く仕事をしていないと、お客様が「何を」面白いと思っているのかわからないし、「お客様が面白いと思えるような製品」を作り出すことはそもそも不可能です。

ここで気をつけたいのは、「仕事を好きになれ」という話はよく耳にしますが、じつはそれだけでは足りない、ということを中村さんの言葉は指し示しているという点です。

中村さんは、**「知っているよりも好きであるほうが、好きよりも楽しいほうが、よりいい仕事ができる」**とよく口にしておられました。これが「それを楽しむ人にはかなわない」という言葉の意味なのですが、この知・好・楽の考え方は、一人ひとりの仕事人としてはもちろん、バンダイナムコが今も忘れてはならないものづくりの基本精神でもあります。

すなわち、仕事を義務と考えると苦しさが先立ちますが、自由に創造性を発揮する場であるととらえれば、そこに楽しさ、面白さが生じてきます。これは、仕事が「好き」だという気持ちを超えたもの。そして楽しく仕事をしているからこそ、たとえ賛同者が少なくても、「何が」より「何を」をとことん考える暴走ができ、おのずとお客様を喜ばせ、楽しませることができるのです。

ですから、「楽しむ人になる」ことができる人からは、お客様に「主観的」に喜ばれるような「圧倒的な仕事」が生まれやすくなります。楽しむ気持ちを根底に抱いているからこそ、「何を」型でとことん考え抜いた、新しい価値のある仕事が生まれるからです。

英語でいうなら、「MUST」の仕事でなく、「WILL」にもとづく仕事です。「今日はこれをしなければならない」と受動的に考えるのではなく、「今日はこれをしよう」と主体的に考える。そこを起点にして、仕事の楽しさ、面白さは生まれてくるのです。

ですから、仕事の楽しさというのは「楽」ということとは大いに異なっています。苦しいからといって逃げたり、なまけたり、楽をしようとしていたのでは、仕事の真の楽しさには永久に到達できないでしょう。

「労働は苦い根と甘い実をもっている」という言葉があるそうですが、そのとおり、逆風や苦しさを通り抜けた果てに味わう達成感や充実感のなかに仕事の楽しさは隠れています。

アメ玉みたいに口に入れたら即甘いというものではなく、スルメみたいに何度も噛《か》んでいるうちにじわじわと喜びや楽しさの滋味がわいてくる。それが仕事というものの実体なのです。

それでも、若いうちは仕事からMUST感を払拭《ふっしょく》することはなかなかむずかしいかもしれません。**そういうときは、仕事をある幅をもった「時間軸」でとらえることが効果的でしょう。**

「たしかにこの一年はたいへんだけど、一年後には、その苦しさもゴールを迎えて達成感を味わえるだろう」

そんなふうに、成就したときの達成感や自分へのご褒美を未来の一点に想定して、そこへ到達するために「今」をがんばる——といった長期的な視点で仕事に取り組むことが大事なのです。

MUST感の苦しさの多くは、「現時点でうまくいってない。だから苦しい」というように、仕事における苦楽の度合いを短期的にしかはからないことから生じる

ものです。

しかし、射程の長い時間軸を導入して、毎日の仕事に努めるうちに、徐々にMUST感が減じ、WILL感が増して、仕事の本当の楽しさ、その意味や価値もだんだんと実感できるようになるでしょう。

また、苦しさなくして楽しさなしという、仕事のなかにひそむ味わい深い逆説も理解できてくるし、仕事において「楽しく努力する」方法も体得できていくはずです。

マスコミは「注射」、口コミは「漢方薬」である

自社製品のファンを増やし、ブランドを浸透させていく方法を考えたとき、有効なのは、一人のコアなファンの「これ面白いぜ」という感想が人から人へ伝わって

評判を広げていく、いわゆる「**口コミを介した方法**」です。

むろん、テレビなどのマスコミを使った商品宣伝などの効果がきわめて大きなものであることはいうまでもありません。新商品の認知度や知名度をいっきに広めたり、購買意欲を瞬間的に高めたりする媒体としてはやはりマスコミに勝るものは見当たりません。たとえばわが社でも、年末年始にテレビＣＭなどを打つと、それが販売業績に与える影響は絶大と呼べるものがあります。

このマスコミを即効性のある「注射」だとすれば、一方、口コミは「漢方薬」みたいなもので、効き目が出るまで時間がかかるが、じっくりと効能が浸透していく利点があります。

口から口へ、人から人へと伝達していくがゆえに、拡散のスピードは決して速くはありませんが、じわじわと伝わるうちにしだいに評価が深まっていくのも、一度定まった評価がくつがえりにくいのも口コミのほうです。浅く広くのマスコミ、狭く深くの口コミ。二つにはそんな特色があるようです。

とくに子どもの場合、「となりの席の友だちが遊んでいた」とか「クラスの仲間が面白がっていた」といった、学校での口コミによる効果はかなり大きいものです。加えて最近では、**「口コミ=ネットコミ」**といっていいくらい、SNSをはじめとしてインターネット上で交わされるオンライン口コミの力は無視できないものがあります。

したがって、そうした口コミを意識した商品開発や宣伝情報の仕方などにも力を入れなくてはならないのは時代の要請であるといえましょう。

であるならば、私たちはその「口コミ」がどうやったら生まれるか、ということに少なからず神経を集中させなければなりません。いったい、口コミが生まれる条件とはなんでしょうか。

シンプルなようですが、口コミが発信される起点は「感動」に尽きる、私はそう考えています。

何かを見たり聞いたりして心が動かされると、人はそれを必ず他人に伝えたくなる。その人間心理が口コミ起動の引き金となるのですが、**マスコミが伝える情報に**

はなくて口コミにあるのが、その情報にくっついている人間の生《なま》の感動なのです。

たとえば、イベントやコンサートで有名人を間近に見たら、必ず誰かに言いたくなるはずです。

「このあいだアイドルの◯◯のコンサートで初めて実物を見たけど、実物も可愛かったよ」

大人であっても、こういうことをだまっていられる人は少ないと思います。**それも心を動かす感動の一種だからです。**日常生活とは異なる出来事、異なる人間と出会ったとき、人は感動を覚え、「こんな楽しいことがあった」「こんな意外なことがあった」と他人に伝えようとします。

これは反対の情報に接しても同じで、「雑誌でうまいって評判の店へ行ってみたけど、あそこのラーメン、案外まずかったぜ。値段も高いし」。こういう悪評も口コミを介して広がってしまう。とくにネット時代にあっては、この手の悪い情報が広がるスピードには目をみはるものがあります。

――ポジティブな感動、ネガティブな感動。

どちらも人は口コミの波に乗せたくなるのであり、それがさざ波のように伝わって、やがてマスとなり、ときに世論のようなものを形成する場合もある。口コミの効果も怖さもそこにあるわけですが、いずれにせよ、**口コミを広げることはすなわち、感動を広げることなのです。**

「数字より面白さにこだわる」という話を先ほどしましたが、面白さにこだわった仕事のほうが「感動＝口コミ」を生みやすいのはまちがいありません。だからこそ、客観的な評価より、主観的な評価において一番になるという姿勢が大事なのであり、大きな成果や大ヒットには欠かせない要素となるのです。

東京都港区のＪＲ田町駅近くにあるバンダイナムコの会社の玄関口には、４Ｋの

大きなモニターが備えつけてあり、最新の商品・サービスの映像がいつも流れています。これには、わが社を訪れてくれた人に、まず驚きまじりの「感動」を与えられたら――という意図があります。

そして願わくば、「あの画面すごい迫力だな」「なんだか面白い、楽しそうな会社だね」といった感想を抱き、それを口コミに乗せてくれればいい。そんな期待もあります。

押しつけがましかったり、あざとかったりする感動はかえって逆効果ですが、数字をただ追いかける仕事ではなく、面白さをとことん追い求める仕事をすることでエネルギーを伝播《でんぱ》させていく、それを目指しているのです。

「チーフ・ガンダム・オフィサー」はなぜ、存在するのか？

現在、バンダイナムコの組織には、「チーフ・ガンダム・オフィサー」とか「チーフ・たまごっち・オフィサー」「チーフ・パックマン・オフィサー」など、他社では聞きなれない役職が存在しています。

各キャラクターの事業展開における責任者です。

このキャラクターを中核とする事業展開は現在のバンダイナムコのもっとも重要な基本戦略であり、それをわれわれは「**IP軸戦略**」と名づけています。IPとは「**インテレクチュアル・プロパティ（知的財産）**」の意味です。

バンダイナムコでは「面白さにこだわる」ためにこだわったことのひとつに組織改革があります。大変ありがたいことに、その改革は業界でも大きな注目を集め、業績V字回復の立役者ともなりました。

その改革が、「IP軸戦略」です。

では、バンダイナムコのIP軸戦略とはいったいどういうものか。

少々堅苦しい部分もありますが、「面白さ」を追求する企業と人の、ひとつの「取り組み事例」としてご覧いただければと思います。


バンダイとナムコが統合した当初、国土は大きくなったものの国境は以前のままで、互いの領域は侵犯しないという遠慮があり、それが事業ごとの壁をつくって、業績低迷を招く要因になったことは前に述べました。

当時ゲーム事業を行う組織では家庭用ゲーム、業務用ゲームなどの事業領域ごとに組織が分かれており、それぞれがばらばらに商品開発をしていました。人気ゲームのブランドがあっても、会社全体に共通なはずのその知的財産を横断的に共有、活用するノウハウにとぼしく、各事業部がそれぞれ独自に「非連動的な活動」をしていたのです。

そのため、ある商品がヒットしても、そのノウハウや成果は当該の部門だけにとどまって、他の事業領域まで波及していかない。**あるキャラクターが業務用ゲーム機でヒットを飛ばしても、その成果を家庭用ゲーム機にも生かすことが十分にできなかったのです。**

そんな、たて割り組織による弊害は小さくありませんでした。そこで事業領域ごとの壁や遠慮を取り払うべく、キャラクター（ブランド）を軸にしたIP経営へと大きく舵《かじ》を切ったのです。

つまり、それまで事業部ごとにくくっていた組織構成をIPごとのチームにくくり直し、チームごとにプロジェクトマネージャーを一人置いて、その人に向こう三年間の売り上げ、販売、マーケティングなどのプランづくりを一任するなど多くの権限を与えました。

経営陣に集中していた権限の一部をプロダクトマネージャーに委譲することで、その人がより「元気よく暴走」すべく主体的、機動的に動ける範囲を広げ、IPを基軸に、他のいろいろな事業部門の担当者も巻き込みながら商品開発をする。売り上げの最大化を図っていく。そういう仕組みに変えたのです。

いってみれば、ばらばらに存在している団子を一本の串に刺すように、連動的な活動が希薄だった各事業部にＩＰという一本の芯を通貫し、統一するイメージです。

それによって、たて割りの垂直型組織がＩＰを軸とした水平型組織へと構造変化し、キャラクター＝ブランドを中心にしたコンテンツビジネスを社全体で展開しやすい、柔軟で効率的な組織体制に変えていったわけです。その後、組織形態は変化していますが、ＩＰを軸とする基本的な考え方は変わっていません。

事業部単位ではなくＩＰごとのチーム編成なので、社員同士が**「越境」**しやすくなる利点もありました。

統合による遠慮を取り払うために、**「暴走せよ」「他の事業部に侵犯してもいいから、思いきって暴れろ」**と私がしきりに発破をかけたのもこのころのことですが、ただ、そういわれただけでは社員は二の足を踏むことが多いものです。

しかし、ＩＰ軸戦略にもとづいた活動なのだからと会社がお墨つきを与えれば、彼らも大手を振って事業領域の壁を超えていける。そういう効果も生まれてきました。ＩＰ軸戦略の導入によって、社内は見ちがえるように活性化し、意思決定や商品開発のスピードもアップしていきました。

ＩＰごとの機動性が高まることで、市場がもっとも旬《しゅん》な時期に多角的な展開を打ち出すこと、消費者との接点を増やすことが可能になり、変化の激しいマーケットの動きに「何を」するのか、対応できるようになりました。

――そうして、Ｖ字回復へとつながったのです。

デザインだけでは「付加価値」なんて生まれない

さて、このＩＰ経営について、もう一つお伝えしておかなくてはならないことがあります。もう少しだけ、仕事を面白く加速させる、ＩＰ軸戦略についてお付き合いください。

これまで、ＩＰ軸戦略のことをほぼイコール、キャラクタービジネスという意味で語ってきましたが、じつはそれは正確な表現ではありません。

当時、マスコミなどでも、ＩＰ軸戦略は利益を最大化するためのキャラクタービジネスの方法、あるいはドラスティックな組織変革の方法といった文脈でしか語られないことが多かったようです。

しかし、先にも触れたように、われわれのＩＰ軸戦略にはそうした側面だけにとどまらない、バンダイナムコという会社のアイデンティティやものづくりの精神にまでかかわってくる、もう少し深い意図が込められているのです。

思えば、バンダイもナムコも長きにわたりキャラクタービジネスを手がけていました。ナムコが百貨店の屋上の電動木馬からスタートしたことは前述しましたが、創業者の中村さんはすでに、**その木馬に人気キャラクターのイラストを描くことで、木馬に新たな面白さを加え、子どもたちの人気を集めていました。**むろんライセンス料を払い、正規の手続きを踏んでのことです。

当時、流行りのキャラクターを活用した点で、さすがに先見の明があったというべきですが、単に知的財産を商品の上に表面的に乗っけて売り上げに貢献させるやり方は、ブランド戦略のいわば原始的な段階にすぎません。

今のバンダイナムコの考える、あるいは手がけるＩＰ軸戦略というのは、そこからさらに一段階深く、面白さを「徹底追求」したものなのです。

ガンダムが人気だから、ガンダムのキャラクターをあしらった商品を作って売り出す。それをキャラクタービジネスと称するのは安易のそしりを免れないでしょう。

また、私たちは「キャラクターという付加価値を商品につけた」などともいいがちですが、そのかぎりでは、**その付加価値は単にデザイン上のものにすぎない。**

今は消費者の目も肥えていますから、人気のキャラクターをほどこしたというだけでは、いっときは売れるかもしれませんが、瞬間的なものにとどまって、すぐに飽きられてしまいます。それ自体に一つの商品としての魅力がなければ、せっかくほどこしたキャラクターも瞬間風速的なアイキャッチとして簡単に消費されてしまうのです。

バンダイナムコのＩＰ軸戦略は、そうした表面的なキャラクタービジネスからもう一、二歩踏み込むための「在り方」でもあります。

ガンダムのコップを作るとして、コップにガンダムのステッカーを貼って、はい、一丁あがり――という安易なやり方はとりません。

キャラクターの人気に便乗するのではなく、ＩＰが本来もっている魅力、世界観のようなものをより深く、広くユーザーに伝え、また商品として長く使ってもらえるように、コンテンツからきちんと新しい価値をつくり上げていく考え方、姿勢、方法、仕組み……。

これらを総称してＩＰ軸戦略と呼んでいるのです。

ちょっと抽象的でわかりにくいかもしれませんが、要するに、商品販売のためにキャラクターを「利用」するのではなく、キャラクターも含んだコンテンツを一から「創造」していくということです。

それによって、コンテンツの質を深め、商品構成の幅を広げ、新しいファン層を獲得して、商品の人気を長寿化させる。**それがIP軸戦略の本質であり、一人のビジネスマンとして目指すべき仕事の取り組み方であり、目的地なのです。**

IP軸戦略はわれわれの会社のアイデンティティであり、ものづくりの精神にもかかわるといったのは、そういう意味なのです。

子どもの顧客に「子どもだまし」は通用しない

ゲームづくりで飯を食っていると、ときに冗談まじりに「子ども相手に儲《もう》けて、なかなかいい商売だな」などといわれて苦笑させられることがあります。むろん、そんなふうにいわれるのは心外ではあるのですが、半面、そういってみたくなる気持ちが少し理解できるのも事実です。

玩具やゲームなど低年齢層を対象にしたビジネスは、「お客は幼い子どもなのだから、その程度に見合ったレベルの商品を与えておけばいいだろう」といった、いわば「子どもだまし」的なやり方に外からは見えるのかもしれません。

キャラクタービジネスにはとくにその危険があって、「人気キャラクターの絵を適当にくっつけておけば、お客（子ども）は喜んで買うだろう」という不遜《ふそん》な視点からの安易な発想をしがちなのです。

しかし、そんな「子どもだまし」こそ、ものづくりにおける「最大の禁句」です。子ども向けの商品で飯を食っているからといって――いや、そうであるからこそ――**子どもだましのチープなものだけは絶対に作ってはいけないのです。**

「子どもだからこうだろう」「大人だからこうだろう」という手前勝手な思い込みや独りよがりの押しつけ。すなわち供給側の論理や視点にとらわれて、ユーザー側の使い勝手をおろそかにしてしまうこと。お客様の目線から離れてしまうこと。それだけは避けなくてはいけません。その、作る側と使う側の乖離《かいり》から致命的な失敗ははじまるからです。

こういうことはおもちゃやゲームにかぎらず、誰もが陥りやすい罠《わな》のようなものです。たとえば家電製品でも、新製品が出るたびに「新シリーズはこんなに便利になりました」「こんな新しい機能もつけ加えました」などと多機能性を謳《うた》いがちになり、本来のお客様の気持ちに向き合うことが、抜け落ちていくことがあるのです。

高齢化社会の影響なのか、近ごろではアミューズメント施設に高齢のお客様が増える傾向にあります。だからといって、安易な形での表面的なシルバー専用のゲームコーナーなどを設けたりしたら、おそらくソッポを向かれてしまうでしょう。

「子どもだまし」が通用しないように、「お年寄りだからこうだろう、これでいいだろう」という「お年寄りだまし」ともいえる勝手な思い込みもまた、顧客の実感や市場の動向を感じとる嗅覚《きゅうかく》を鈍らせる危険なファクターなのです。

いつも買う側、使う側の目線から遊離せず、お客様の実感と並走しながら発想し、考える。それがものづくり全般に要求される姿勢であるといえます。

定点観測は「曜日」と「時間帯」を決めて、お客様と店員を見る

マーケットの体温を肌で感じとることの大切さをいいましたが、その方法として、現場をまわり、現場を見ることに勝るものはありません。現場は最善の教師で、いろいろなことを教えてくれ、いろいろな発見をもたらしてくれます。また、なかなか面白いことにも出くわします。

何年か前、社用で台湾へ出かけたとき、あるアミューズメント施設で現地の高校生らしき若い人から声をかけられたことがあります。

そのとき、私は現地のファンが「太鼓の達人」を楽しそうにプレーしているのを観察かたがたながめていたのです。外国の人たちが日本のファンと同じように、自分の会社のゲームに熱中している姿を見るのはかなりうれしいものです。

すると、後ろから「失礼ですが、ミスター・イシカワですか?」と片言の英語で

声をかけられました。驚きながら振り向き、「そうですが……」とこれもまずい英語で怪訝《けげん》そうに答えると、顔にまだあどけなさを残した彼はなんと、私にサインをねだってきました。

「こんなものしかありませんが……」といったようなはにかんだ表情を浮かべながら、背中に背負ったリュックから一枚の紙を取り出して、ペンとともに差し出してきたのです。その紙はどうやら学校の試験の答案用紙のようでした。私も少し照れくさく思いながら、しかし気持ちよく紙の裏面に自分の名前を書いていると、

「ぼくはバンダイナムコのゲームのファンなんです」

というではありませんか。

見ると、彼は「太鼓の達人」のニンテンドーDS用ゲームを手にしていました。それで遊びながら、「現実の(つまり業務用の)」太鼓の達人のゲーム機の順番を並んで待っていたのです。私はさらにうれしくなって、お礼を述べ、

「よく私だとわかりましたね」

とたずねると、彼はことももなげに「インターネットであなたの顔を見ました」と答えました。私の顔まで知っているのは二重の驚きでしたが、それだけコアなファンが海外にもいることに私はうれしさとともに心強さも感じたものです。

こういうことは現場に足を運ばないとなかなか味わえないことなのですが、これとは逆のケースもあります。

以前、国内のあるナムコの施設に立ち寄ったとき、たくさんあるゲーム機のいくつかには順番を待つ人の行列ができ、いくつかでは多くの人が心から楽しそうにプレーしている姿を見て、私は思わず何人ものお客様に声をかけて、ゲームの感想や意見を聞いてまわったことがありました。

やはり何人かの人は私の顔を知っていて、「うわ！　社長本人があらわれたよ」とこれまたびっくりされたのですが、このときの私は、お客様の反応を直接たしかめてみようとか、感想や意見を聞いて商品開発に役立てようなどと考えて声をかけたわけでありません。

そういう意図もゼロではありませんが、多くのお客様が自社のゲームに楽しそうに熱中している姿に素直に感動を覚えて、うれしさのあまり、つい反射的に声をかけずにはいられなかったというのが本当のところなのです。

このような「現場の熱気」にじかに触れることは、商品づくりのうえの有効なヒントにもなれば、それこそ「元気よく暴走」するモチベーションを高めるための、「心の栄養」にもなるもので、私は現場に出るたびに頭の中であれこれ考えをこねくりまわすよりも、現場の体温を肌で感じることの大切さを再認識させられるのです。

日本のビジネスマンは役職が上がるにつれて、現場から遠ざかってしまう(遠ざけられてしまう)傾向が強いようです。

たとえば通勤手段も、世の中のたくさんの人が乗り合う電車から、個室の用意されたハイヤーへと格上げされる。しかし、それは現場の熱い息づかいから疎遠になってしまうことを意味します。

ですから、営業職でも開発職でも経営陣でも、よく現場に足を向けるのを習慣としてほしいと思います。私だってゲームセンターに出かけるし、家庭用ゲーム機やおもちゃを売っている店舗にも足を運びます。**それもただ見学するだけでなく、曜日と時間帯を決めた定点観測のようなウォッチングも行っています。**

そうしてお客様のプレーの仕方や行動や表情などを観察していると、いろいろ参考になる点が汲みとれる。ゲームセンターの店員の接客態度のよしあしなども目についていて、ああいう場合はもっとていねいな接客を心がけたほうがいいとか、こういうケースではお客様をむしろ放っておいたほうがいいのにといった改善点も、さまざまな角度から見えてくるのです。

若い時分、私は業務用のゲーム機の開発の失敗で会社に少なからぬ損害を与えてしまった苦い経験があります。その失敗のいちばんの要因は、現場の声を聞かなかった点にありました。

業務用のアーケードゲームは試作機を作って、お客様がどういう反応を示すか知るためのフィールドテストを行うことがあります。試作機を現場に置いて、実際にお客様がどのように遊んでくれたか、試作機の中に百円玉がどれだけ投入されたか。それがそのゲームの試金石となるのです。

しかし若い私は、「これは面白いはずだ」という自分の思い込みにとらわれて、その現場での検証をおろそかにしかしなかったのです。失敗の最大の原因はそこにありました。

ある大手の電機部品メーカーの経営者が「神は製造現場に宿る」といっていたのを読んだことがあります。私も同意見で、たいていの答えは現場にあると思っています。**自分たちが作ったものが実際に使われている現場を、自分たちの目で見ること。それはあらゆるビジネスマンに要求される必須《ひっす》の行為であるといえます。**

「何が」より「何を」を考える。

「数字」より「面白い」を考え抜いて追求していく。

本章ではその大切さをお伝えしてきましたが、これらも、現場を自分たちの目で見ることでより洗練されていきます。そうして、たった一人の人間が考え抜いたことで洗練された「面白いもの」「面白い仕事」が、新しいブレイクスルーや大きな価値を生んで未来を変えていくのです。

第4章

失敗する人だけが、進化する

年末の「ゆく年くる年」事件で得た教訓とは？

会社の危機からバランス経営の大切さを学んだように、**失敗には必ず、そこから得られる教訓というものがあります。**

バンダイナムコの歴史でも、経営統合以前の話ですが、インターネットのハードウェアを自社開発しようとして総額で二百億円にもおよぶ損害を出したこともあるし、家庭用ゲーム機のハードビジネスを手がけようとして、うまくいかなかったという失敗もあります。

どれも決して胸を張れるものではなく、わが社の痛い「黒歴史」といえばいえますが、しかし、その失敗が自社の強みと弱みの再認識や、進むべき方向性の再確認につながっていった利点もあったのです。

ハードウェアビジネスがうまく立ち上がらずに終わったことは、「やっぱり、うちはコンテンツを作るソフトメーカーに徹するべきだ」という本業回帰の道筋を私たちにあらためて示してくれました。その意味では、その失敗からも、次に生きる教訓が汲みとれたのです。

あらゆる失敗は――そこから学ぼうとする「謙虚さ」が当事者にあるかぎり――次に生きる失敗であり、どんな失敗からも実りが得られるものだと思います。

数々の失敗も、「情熱という『思い入れ』はいい仕事をするための筆頭の必要条件だが、盲目的に突っ走る『思い込み』は失敗への第一歩である」という教訓を私に残してくれました。

「思い入れ」と「思い込み」は似た者同士だが、成否を分ける大きな要因でもある。この二つをちゃんと見分けて、心は熱く、頭は冷たく――このバランスが大切だと気づいたのです。

考えてみれば、私の人生は失敗からはじまり、挫折《ざせつ》しながら進んできたようなものでした。

バンダイナムコに就職したのも、第一志望だった高校の英語教師の採用試験に落ちたからです。「さて、どうしよう」と凹《へこ》んだ気持ちで、就職情報誌をながめていたら、当時のナムコの「遊びをクリエイトする」というキャッチフレーズがたまたま、目に飛び込んできました。

なんとか合格して、やれやれと思っていると、最初の日にさっそくやらかしてしまいました。**なんと入社式に遅刻するという失態をおかしてしまったのです。**

入社前日まで、千葉県で行われた新人研修に参加していたのですが、それが終わった最終日、研修の世話をしてくれた人が、好意から自分の家に泊まっていけとすすめてくれたのです。せっかくの親切を断わるのも悪いと思い、研修仲間と二人で泊めてもらいましたが、その夜は当然のように遅くまで酒盛りとなりました。

翌朝、やや二日酔いの体に、さらに元気づけと称してマムシ酒を飲まされて、入社式に向かったのはいいが、関西から出てきた私は東京の電車の路線や時間の事情にうとく、乗り換えなどに手間取るうちに、どんどん時間が迫ってきました。なんとか最寄り駅について、入社会場まで走りましたが十五分くらいの遅刻です。

冷や汗を流しながら、入社式の最中に会場に入っていくことになりました。当然、あとで大目玉。しばらくのあいだ、「あれが入社式に遅刻した新人だよ」と後ろ指を差されました。

それから数年後のこと――。

営業部の事業課というところで、ロボットの企画開発を担当していたときの失敗は全国に露呈されるものともなりました。

大晦日《おおみそか》にテレビ放映される「ゆく年くる年」は当時、ＮＨＫのほかは民放各局が統一して一つの番組をつくっていました。そこへ私たちが作ったいろいろなロボットを出演させて、それぞれの特性をアピールしようという企画に参加することになったのです。

私の担当したのは「アトマ」という音声認識ロボットで、出演者が話しかけた言葉にアトマが答えるという演出です。いざ本番となって、段取りどおり出演者が話しかけます。**しかし、アトマはうんともすんとも答えません。**

本番中の故障です——。

アトマの背後に控えていた私はあわてふためきましたが、生番組ですからどうしようもありません。ロボットが何も音声を発しないまま時間だけが過ぎていく。二分か三分くらいのことでしたが、これも冷や汗たらたらの私には二時間にも三時間にも感じられたものです。

無口なアトマと、その背後でひどく狼狽《ろうばい》する私の映像が静謐《せいひつ》のなかに新年を迎えんとしている全国に流れる——会社の人間はもちろん、親戚《しんせき》の人間までが今かと待ちかまえていた面前での失態で、私は正月のあいだずっと落ち込んでいました。

こうした失敗やミスは売るほどしてきましたが、しかし、いずれの失敗からも得たものがありました。

入社式の遅刻からは、開始時刻の一〇分、一五分前ではなく、三〇分くらい前にはスタンバイすることが習慣となりました。「ゆく年くる年」事件からは、とにかく安心しない、二重三重の事前の準備を欠かさないようになりました。

そうしたビジネスマンの基本的な心がけや行動原則を、二度と忘れられないくらい強く胸に刻み、学ぶことができたのです。

最大の失敗は「打席に立ってバットを振らない」ことである

今お伝えしたのは、私が入社後に経験した「失敗」の話ですが、失敗だけではなく「逆境」もまた、誰にも一度は訪れる状況ではないかと思います。

私は、ナムコで会社員人生をスタートした時点で、少なからずハンデを背負っていたようなものでした。**というのは、同期入社は四四人いましたが、そのうち文系の出身者は私ともう一人だけで、そのほかはみんな理系出身者だったのです。**

当時のナムコには、社長自身が技術者だったこともあって、技術畑の人間が優遇されるような雰囲気がありました。そうでなくても文系ですから、理系の人にくらべてロボットを作るにしても、ゲーム機器を作るにしても、メカニックに関する基礎知識や専門技術が圧倒的に足りません。

それで入社後、時間を見つけては自分でプログラムを組んだり図面を描いたりして、ひととおりの勉強をしてみましたが、きちんと学んできた専門家にはとうていかないませんでした。

私は越えられない大きな壁のようなものを感じました。しかし、うなだれてばかりもいられません。どうしたら、この逆境を克服できるだろうと考えて、とった方法が優秀な技術員の力を借りることでした。

プログラムを書くならあいつ、音響の技術ならこいつといったように、自分にはない知識や技能をもった人間を自分の周囲に集めてチームをつくり、彼らの協力を得ながら集団体制で仕事を進める。そういう方法を模索したのです。

このことは、私のなかにマネジメント能力やプロデュース能力をつちかう始点ともなった出来事だったような気がします。そうであるなら、文系出身という当初のハンデは、長い目で見ればプラス方向に作用したといえるでしょう。

ですから、逆境や失敗というのは自分を成長させる、本当に栄養のつまった肥やしのようなものなのです。挫折や逆風のさなかにあるときは苦しいけれども、長い射程をとってみれば、その苦難や試練は必ず自分を育ててくれる栄養分となっている。

ちょっと自己啓発ふうにいえば、「良薬は口に苦し」であり「疾風に勁草《けいそう》を知る」でもあって、逆境ほど人を育てるよき肥やしはありません。人を大きく伸ばす節目ともなれば、人生の足腰をきたえてくれる糧ともなるからです。

そう考えてくると、以前に「最大の失敗は『やらない』という失敗である」といった理由もおわかりいただけると思います。

成功しようが失敗に終わろうが、ともかく「やってみた」ことからは何かしら得るものがあります。成功からは達成感や報酬が、失敗からも次に生かせる教訓や自分を育てる栄養が得られます。

しかし、失敗を恐れて「やらない」という選択をした場合、失敗もないかわりに手に入れられるものもゼロです。得られるのは「やっておけばよかった――」という後悔くらい。**未遂というのは「どんな経験も自分のなかに蓄積しない」という一点において、とにかく避けるべきことといえるのです。**

これも前に紹介しましたが、**私が今でも「あれが最大の失敗だった」と悔いているのは、ダンスゲームのような音楽ゲームを手がけなかったことです。**企画自体は社内にもあったのに、いろいろな理由をつけて結局やらなかったのです。

肝心なのは、とにかく打席に立ってみること。

三振を恐れるあまり打席に立たなければ、立ってもバットを振らなければ、何も起こりえません。しかし、打席に立ってバットを振れば、どんな豪速球でもファウルチップくらいは打てるかもしれない。空振りしても、振り逃げがあるかもしれない。かりに三振に終わったとしても、次はあの球に狙《ねら》いをつけようといった工夫につながる経験値が得られるでしょう。

私は、仕事上の失敗ならどんどんしてもいいと思いますし、するべきです。

いろいろなことにチャレンジして、失敗したら、反省してまた次のことに挑めばいいのです。機会は一度きりではないのだから、失敗をくり返しても、粘り強く成功するまで続ければいい。

「あいつは優秀だね、できる人間だね」といわれる人材は総じて「行動する人」です。働いている以上、みんな何かしら行動しているわけですが、そのなかでも、仕事のやり方について新しい提案をしたり、人一倍早くアクションに移したり、何か「ことを起こす人」。そういう人の生み出す成果は抜きん出ており、評価もおのずと高くなります。

ただし、誰かがやるのを眺めてからチャレンジしていては、そこに大きな意味はありません。「とにかくやるんだ！」という自分の熱意で行動していない以上、動きも鈍りますし、思いきったチャレンジもできません。失敗したときに、「最初に打席に立ってバットを振る」という経験を蓄積することもできないでしょう。

「誰かがやったことをやる」のではなく、「まだ誰もやっていないけれど、いいと思うからやる」という気持ちをもつ。**これはまさに、「少数派マインド」をもつということでもあり、「元気よく暴走する」という気持ちが、いろいろなチャレンジや、新**

しい行動を生み出していくのです。

くり返しにはなりますが、多数派を否定しているわけでは決してありません。それもまちがいなく必要です。

ただ、チャレンジする人ほど、「いい失敗」「いい経験」を蓄積していけるわけですから、**自分のアイデアや発想が少数派だったとしても、一度は「元気よく暴走する」くらいのチャレンジや行動をする人のほうが、はるかに成長スピードも速いということです。**

むろん、成果や業績が出れば評価の対象になりますが、成功や失敗にかかわらず、いつも自分から何かしらの行動を起こす。そういう人の評価も負けず劣らず高いのです。

いいかえれば、「失敗しない人」が優秀なのではない。「成功する人」だけが優秀なのでもない。**失敗から学んで、やがて成功に結びつけられる人がもっとも優秀なのです。**

逆境に強くなる「ま、いいか」「それがどうした」「人それぞれ」の三原則

とはいえ、人間ですから、失敗すれば落ち込みます。暗い穴蔵の底で頭を抱えているような時間が続くこともある。そのときの対処法にはどんなものがあるかと聞かれても、そんな特効薬はないと答えるほかないようです。

オンとオフの切り替えが比較的得意な私でも、今日の失敗を明日にはきれいさっぱり忘れていられるような魔法は使えません。そのような魔法があれば教えてもらいたいくらいで、じっと耐えながら時の経過を待つか、できるだけくよくよ考え込まないで、気持ちを徐々に上向きに切り替えるよう意図して努める。それくらいしか効果的な立ち直りの方法は見当たらないものです。

私の尊敬する同郷の先輩に、「島耕作」シリーズで著名な漫画家・弘兼憲史さんがいるのですが、その弘兼さんが人生訓としてこのような三つの言葉を述べておられ

ます。

「ま、いいか」

「それがどうした」

「人それぞれ」

じつに端的で味わい深い言葉ですが、**この人生訓はただの人生訓ではなく、「(嫌なことを)忘れる三原則」だと弘兼さんはいうのです。**

ひらがなの多い平易な言葉ですが、達意の言葉でもあって、たしかに失敗や挫折の受け入れ方、それらとの心理的な距離のとり方、前向きな開き直り方など言い得て妙なところがあります。

「いや、そんな簡単ではないだろう。失敗というのはもっと深刻な出来事だよ」

そう思った人もいるかもしれませんが、弘兼さんはおそらく、**失敗や挫折などの逆境にあるとき、その苦しさと正面からぶつかり合っても全的な解決策は得られないよという世間知をいっているのだと思います。**

逆境を一つも経験しない仕事などこの世にはないし、意志の力で乗り越えられる逆境というのも、人間である以上、きわめて少ない。ましてや新しい結果や大きな成果を生み出す人であれば、逆境に立たされる場面は何度でもあるはずです。

そうである以上、逆境とまともにわたり合うだけでは苦しさが増すばかりだし、さらに自分を袋小路に追い詰めてしまうことにもなる。

だったら、その逆境を乗り越えようと自分の心を強くすることばかりに努めるのではなく、また、その逆境に屈するでもなく、**「ま、いいか」「それがどうした」「人それぞれ」といったやわらかい受け止め方、受け流し方をすることが重要なのです。**

たとえば、顔を見るのも嫌な上司の下で働かなければいけない状況にあるとき、「嫌だ、どうしよう」とネガティブな感情だけを抱いているのでは、仕事がつらく苦しくなるばかりでしょう。そんなときは、嫌な上司のなかに少しでもよいところを見つけるポジティブな努力をしたほうがいいのです。

単純な例ですが、悪材料ばかりに目を向けるのではなく、悪材料のなかにも好材料を見出す。そんな「やわらかい」目をもって、前向きな方向に力を使ったほうがよほど生産的です。自分のメンタル管理にも役立つし、事態を好転させる契機にもなるにちがいありません。

逆風も風のうちです。

逆風に逆らうよりも、それをうまく（ずるく）利用する方法を仕事のなかで身につけていくように努めることが、自分の成長やステップアップにもつながっていくはずです。

私の経験からいえば、仕事に吹く風は基本的にすべてアゲインストです。まして、その仕事で成果を得ようとするときには、なおアゲインストの風は強く吹く。

そのとき硬直的な態度で対応するばかりでは折れてしまうことにもなりかねない。

柳に風と向かい風を受け流す知恵も必要で、それには弘兼さんのように、第一に「気持ちを楽に」もち、第二に「やわらかい心」で接し、第三には「力を抜いて」行動する。

そんな心がまえや姿勢が仕事における成長をうながし、人間関係も円滑にしてくれるはずです。

「暴走」を「本当の暴走」にしてしまう要因とは？

もう一つだけ、失敗に関する話をしておきましょう。

私たちバンダイナムコでは、経営者の私も把握できないほどの、たくさんの数の企画がいつも同時進行しています。その数はおそらく数千にも上るはずです。そのなかからヒット作と呼べるものはせいぜい数点生まれればいいほうでしょう。

つまり、失敗の山のなかから初めてヒットは生まれてきます。成功は失敗を前提としているといってもいいし、失敗を土台に生み出されるといってもいい。

私は野球が好きなので、これを野球にたとえますと、**野村克也元監督が「野球は失敗のスポーツである」と述べておられることとリンクします。**たしかに、ベンチの采配《さいはい》ミスから投手の制球ミス、捕手の配球ミス、野手の失策、打者の見逃し、空振り、打ち損ね、走者の盗塁失敗、果ては審判のジャッジミスまで、いたるところで絶えず失敗が起きており、失敗とともにゲームが進行しているような感じさえします。

したがって、「野球はミスが少ないほうが勝つスポーツだ」とも野村元監督は喝破しておられます。この洞察は仕事にも人生にも当てはまることにちがいありません。

さきほど優秀な人とは行動する人だといいましたが、行動すれば、必然的に失敗も多くなります。人間は失敗する動物で、何かをしようとする以上、失敗は必ずついてまわる不可避なものだからです。

しかし、避けられないものであるからこそ、いかに失敗を少なくとどめるか、失敗のあとどうするかが問われてくるのです。どんどん行動して、どんどん失敗しろともいいましたが、失敗しっぱなしではダメなのは当然で、そのあとどう行動するかが大切です。

反省する、学ぶ、切り替える、次に生かす。失敗のあとには、そういう姿勢が求められます。

そのなかでも、いのいちばんに必要となるのは、失敗の共有です。

組織において誰かが失敗すると、最初に行われるのは得てして犯人探しです。失敗の責任者を探し出して、やれ、「あいつが悪い」「こいつがいけない」といった批判や非難がはじまります。

しかし、こんな分析や反省をともなわない批判、非難ほど不毛で非生産的なものはありません。 失敗を「お前のせいだ」とただ責めることにはなんの意味もないのです。

失敗を責めるのではなくて、何がまちがっていたのか、何をすべきで、何をすべきでなかったのかなどを分析し、認識し、反省する。そして、それを次の失敗対策――危機管理やリスクヘッジのノウハウとして組織全体で共有していく。それが失敗の解決策や善後策としていちばん大事なことだと思います。

むろん、失敗の当事者にはなんらかの責任を負ってもらわなくてはいけないのも事実です。たとえば、もしあなたがリーダーだったら、部下の失敗にどう対応するか。

反省を促すために叱ったり、何がいけなかったかを認識させるために説諭したりすることはリーダーの責任で行うべきでしょう。**しかし、あなたの怒りをぶつけたり、彼の過失を責めたりするだけの批判や非難は、リーダーとして絶対にしてはいけない禁忌（タブー）と心得るべきです。**

その失敗をどう挽回《ばんかい》するか、次にどう生かすか。失敗後に向けて、彼をポジティブな行動へと促してやるのがリーダーの果たすべき役割といえます。

失敗とは、「人間は不完全な存在である」ことのあらわれです。その不完全さを責めることは人間全体を責めることにもなる。そんなことは、神ならぬ一人の人間にはできないことでしょう。

「暴走」を「本当の暴走」にしてはいけません。

人間にできるのは、失敗から学ぶこと。そして、同じ失敗をくり返さないよう努めることくらいだと心得るべきです。

オンより「オフを中心」に仕事をしたほうが集中力は上がる

事業が拡大しているときには、もう片方で、小さくすることを同時に考えておかなければならないように、私たち一人ひとりの仕事でも、「攻めと守りのバランス」をうまくとることがきわめて大切になってきます。

というのも、うまくいっていないと感じるとき、往々にして仕事のバランスが乱れているからです。

たとえば、仕事におけるオンとオフの切り替え。その攻守のバランスはいい仕事をするための重要な条件のひとつです。とくに、「オフ」を中心にして仕事の流れやリズムを切り替えることが、集中力も上がり効果的です。

オンとオフは相互補完関係にあって、オフの時間をきちんと休んで、英気を養うことが仕事へ向かう気持ちを高めるし、仕事が充実していればこそ、オフの時間をゆったり過ごすことも可能になります。だから、二つのメリハリというものが大事になってくるのです。

私自身はオンとオフの切り替えが比較的うまいほうだと思っています。**うまいというより、かなり意識して、そのスイッチを切り替えるようにしています。**休日には基本的に仕事のことは忘れて、頭の中を白紙に戻し、月曜日の朝になったらふたたびオンモードに切り替える。このくり返しです。

一日のうちでも、終業していったん会社の外へ出れば、一人の個人に戻って、仕事のこと、会社のことは頭から排除する。なかなか排除できないなと思えば、仕事の利害関係とは無関係な学生時代の友人などを呼び出して、一緒にお酒でも飲んで気分転換をします。

また、さいわい私は眠り上手で、寝ようと思えばどこでもすぐに寝られますし、その気になれば、十二時間くらい平気で寝ていられる。これも才能のひとつだと思っていて、眠りが最良の気分転換術であるなら、その能力に非常に恵まれているといえます。

第2章で、夜中に思いついたアイデアをベッド脇に置いたホワイトボードに記す習慣があることを述べましたが、**それもスイッチオフの状態にあって、心がリラックスしているからこそアイデアが生まれるのだと思います。**

これが「いいアイデアが浮かんだら、ボードに書いてやろう」などと中途半端なオン状態で臨んだなら、おそらく自由な発想に「たが」をはめてしまうことになるでしょう。

「おれは気分転換が下手で、家に帰ってからも仕事のことが頭から離れない。損な性格だよ」

などといって、オン・オフの切り替えのまずさを性格のせいにする人もいます。**でも、これは自分への甘えでなければ怠慢であることがほとんどです。なぜなら、オンとオフの切り替え能力は、訓練や習慣によってかなり上達させられる種類のものであるからです。**

たとえば、仕事のスケジュール管理をしっかり行う。ＴＯＤＯリストを作り、それにしたがってすべきことはすべき期間に行い、やり残した仕事への対策や次の仕事の段取りなども早めに立てておく。そんなふうにオンの時間をきちんとマネジメントしていれば、おのずとオフの時間に仕事の問題や悩みを持ち込むことも少なくなるはずです。

要するに——ありきたりな結論かもしれませんが——仕事はオンの時間内にできるだけ片づけて、オフの時間にまで持ち越さないことが、ビジネスマンにとっては大事なことだと、肌で実感しています。**そのメリハリある攻と守の切り替えや、ほどよいバランスが「集中と弛緩《しかん》のリズム」を生んで、「働くリズム」「生きるリズム」もつくっていくのだと思います。**

今は昔にくらべれば、仕事や時間の自己管理がしやすい時代になっています。かつては長時間残業が当たり前だったし、上司がいるあいだは退社できないなんていう不文律もありました。

私が開発部の幹部だったころには、休みの日の自宅に社長から仕事の電話がかかってくることがしばしばありました。正月元日の早朝に、「おい、起きてるか。ちょっと思いついたことがある。これから会議をしたいんだが」と連絡がきたこともあります。

ご本人はもっと早くから目覚めていたのですが、いちおう遠慮して、朝の六時になるまで電話を控えていたそうです。

「勘弁してくれよ！」

内心、そう思いながら、おっとり刀で社長の家まで駆けつけたことも一度や二度ではありませんでした。

こんなかたちで、オンの時間がオフの時間を侵してくることも今は少なくなっています。私もよほど緊急なことがないかぎり、休みの日に仕事の電話はしません。残業も、このごろはいかに少なくするかに重点が移っていて、確実に仕事の効率は上がっています。


「なんかうまくいかない」

「最近、思うような結果が出ない」


そう感じたら、それはリズムが淀《よど》んでいる可能性があります。一度、そのリズムをリセットして、整える。**とくに「オフを中心」に整えることで、大事なアイデア**

や発想がポンと出て、あなたをさらなる成長に導いてくれることと思います。

仕事や時間について、個人単位でマネジメントしやすい環境が整いつつあるのですから、オンとオフの切り替え、切り分けをうまく行うことで、仕事と生活のいずれの質もバランスよく高めていく必要があります。

圧倒的な「思い」が苦しみを生み、ブレークスルーを生む

ときどき「座右の銘はなんですか？」という質問を受けることがあります。以前は「そういうものはありません」と答えていたのですが、最近では、「以心伝心」という言葉をあげるようにしています。

心をもって心を伝える——。

つまり、文字や言葉を介さないでも気持ちが通じ合うことを意味する言葉です。元は仏教用語のようですが、心を伝えるのに、欧米人ほど言葉を必要としない日本人のコミュニケーションの特徴をあらわしている言葉でもあります。

仕事の場面においても、心というのは自然に相手に伝わっていくものです。忙しい時間に来客があったとき、「面倒くさいな、早く帰ってくれればいいのに」などと思いながら接していると、その心のうちは表に出さずともなんとなく相手に伝わってしまうでしょう。反対に、どんなときにも好意や誠意をもって接していれば、その内面の思いはやはり相手に伝わって、相手からも同じような好意や誠意を引き出すことを可能にするでしょう。

そういうとき、あえて言葉を使わなくても、以心伝心は互いの気持ちを理解し合うコミュニケーションの要《かなめ》となるのです。

この「思い」の大切さについては、これまで何度か語ってきました。たとえば大ヒットを生み出すのは優れた企画や独自の発想、アイデアの力だけではありません。

「この製品をどうしても世の中に送り出したい！」

「必ずお客様を喜ばせたい。多くの人に楽しんでもらいたい！」

そういう製作者の熱意や思い入れもヒットを後押しする大きなプラスアルファとなるのです。思いだけでヒットが生み出せるとはいいませんが、思いがなければ「売れる」地点までは決してたどり着けないことも事実です。

同じことを、売れる商品を作るためには「何が」と「何を」の二つのアプローチが大切であるという角度からも語ってきました。

「何が（ヒットするか）」は、世の中の動きや流れに合致する特性をもつ製品を市場に提供していくやり方。「何を（ヒットさせるか）」は、自分たちの手がけたいもの、面白いと思うものを独自な発想やアイデアをもとに生み出していく方法です。

この二つの姿勢をバランスよく保つことがヒット作、大ヒット作をつくり出す要諦《ようてい》なのですが、とりわけ、世のトレンドがどうであれ、「おれはどうしても、これを作りたいんだ」という開発者の熱い「思い」が根や幹にないと、ムーブメントを巻き起こすような面白いもの、「圧倒的ナンバーワン」となる新しいものを作ることはできません。

そして失敗や逆境というのも、この「思い」を貫こうとしたときに訪れて、さらなる成長を促す材料となるのでしょう。

こんな独自の面白さをもったゲームソフトを作りたいから、高水準の機能を搭載した優れた品質のおもちゃを市場に問いたいから――そういう思いやこだわりがあるからこそ、アイデアに苦しみ、いろいろな障害が生まれて開発が難航し、周囲から反対意見が出、何より自分自身が納得できず、かといって妥協もできない、迷いや悩みで夜も眠れないといった試練、逆風にさらされるのではないでしょうか。

「何を」と「何が」のせめぎ合いは、理想主義と現実主義の葛藤《かっとう》といってもいいかもしれません。ビジネスや会社においてはおそらく、後者の現実主義を優先させなければならない場面が多く、前者の理想主義は心の中に秘めておくうちに、やがて小さくしぼんでいくのかもしれません。

しかし、現実の仕事の多くが「何が」のほうに重点があるとしても、ときには「何を」という主観的な視点から自分の思いを貫くことに、とにかくチャレンジしてもらいたい。**とりわけ若い人たちには、その理想主義の熱を忘れてもらいたくないと私は考えています。**

一度お蔵入りになったにもかかわらず、一人コツコツと粘り強く開発をあきらめなかった。その開発者の思いの貫徹から生まれたのが大人気ゲームとなった「太鼓の達人」です。

「二番煎《せん》じ」とあっさり却下された企画に簡単には見切りをつけず、手製の試作品を作って懸命に実演したあげく、なんとか上司のＯＫを得た。

あるいは企画書持参で社長を待ち伏せし、一緒にエレベーターに乗り込んで、必死の説得の末にトップじきじきのゴーサインをもらう。そんな泥臭い戦術から、「ワニワニパニック」などの大ヒットも生まれてきました。

試練や紆余曲折《うよきょくせつ》の果てになんとか思いが形をとることは、ノーベル賞級の発見から歯ブラシの開発にいたるまで、世界のあちこちで無数に起こっていることです。

思いがあるから苦しみも生じるのですが、その逆境を跳ね返して、成功地点まで私たちを運ぶのもまた「思いの力」の結晶なのです。

おわりに

私は山口県の岩国に生まれましたが、生家のとなりがゲーム機のメンテナンスの仕事を営んでいて、親父さんがときどき軽トラックにピンボールの機械を積んできては修理をほどこしていました。幼い私はそれを見るたびに喜び勇んで隣家に出向き、「おじさん、遊ばせて」と頼み込んでピンボールゲームに興じたものです。

思えば、それが私とゲームの最初の出会いでした。

就職先を決めるときにも、そのピンボールで遊んだ記憶がよみがえったのをきっかけにナムコを選んだようなものです。以来、四〇年を越える年月をゲームとともに過ごしてきました。

その四〇年は私の人生と人間の骨格をつくってくれた年月であり、このゲーム屋人生に反省はあっても悔いはないと思っています。それでも六〇歳の還暦を迎える前の一時期、何か割り切れないような嫌な気持ちになったことがありました。

社員たちから赤い野球のユニフォームを着せられて祝ってもらったのですが、内心では、「ああ、おれもいよいよおじいちゃんの仲間入りか」などと、なんだか重苦しい気持ちに襲われたのです。

しかし、そのうちにこう気持ちを切り替えました。「六〇歳は三回目の成人式だ。その三度目の二〇歳からの二〇年をどう生きようか――」。そんなふうに八〇歳までの次の二〇年を前向きな舵《かじ》を切って進むことに決めたのです。

通常ならば定年を迎えて、静かな第二の人生を歩み出す時期でしょう。でも私の場合、まだ仕事から離れるわけにもいきませんから、仕事は仕事としてこなす一方で、人生の私的な部分も少し充実させたい。これまでは会社にほとんど自分のすべてを投入してきたようなものですから、今後はできるだけ自分のために楽しく充実した時間を使っていこう。そう考えているのです。

といって、具体的に何をしようと決まっているわけではありません。たとえば私は料理の本やコミックで本棚が埋まるほど料理が好きなので、本格的な料理店は無理にしても、立ち食いソバ屋はやってみたい気持ちもあります。

立ち食いソバ屋のように、世の中の最前線にあって、ちょっとしたサービスの工夫やアイデアが直接売り上げや経営に反映してくる商売は、きっとやりがいのある面白い仕事にちがいないと踏んでいるからです。

もっとも、そんな個人の「思い」はともかく、当面は、今の経営の仕事に心を砕き、力を注がなくてはならないことも事実でしょう。まだまだ本業のほうでやらなくてはいけないこと、克服しなければならない課題が少なくありません。

たとえば、ＩＰ（知的財産）を基軸とした経営戦略の徹底と拡大はこれからも重点的に行わなければならない最重要の課題でしょう。「ガンダム」に並ぶ強力なＩＰ＝キラーコンテンツをいくつ生み出せるか——自社ＩＰの創出に力を注ぐとともに、他社からお預かりしたＩＰを育成し、ＩＰ価値を最大化する。その経営はこれからも変わらないバンダイナムコの基本戦略であり、それはすなわち私が今後果たすべきいちばんの役割でもあります。

それができれば、もう一つの大きな課題である海外事業の収益拡大もやがて軌道に乗っていくはずです。

もちろん、つねに足元を見て、経営の原点を忘れないことも大切です。

二人の創業者から受け継いだバンダイナムコのＤＮＡは、斬新《ざんしん》な発想とあくなき情熱によって、「夢・遊び・感動」をエンターテインメントを通じて世界中の人びとへ提供しつづけるという点にあります。

これは未来永劫《えいごう》変わらない経営の原点であり、事業がまちがった方向へ進んだときなどに軌道修正をほどこすための基準となる不動の指針でもあります。したがって、この原点さえ忘れずに努めていれば、どんなに時代が変わろうとも、成長の道筋を大きく外れることはないでしょう。また、面白い、楽しい、安全な商品で市場を満たし、お客様の喜びに奉仕するという自分たちの使命を見失うこともないでしょう。

その結果、バンダイナムコ・ブランドが社会に広く浸透して、「バンダイナムコのゲームやおもちゃで遊びたい」「バンダイナムコの製品なら安心だ」というバンダイナムコファンが世の中に増えていく。

さらには、そんな彼らのなかから——私自身、ピンボールで楽しく遊んだ記憶がバンダイナムコという会社を選んだ遠因になったように——「自分もバンダイナムコで働きたい！」と思う人がたくさん出てくる。

そんなことも、私は近未来図として心にひそかに思い描いています。かつて玩具やゲーム、アニメーションを楽しみ、今も楽しみつづけている人に、「自分も作る側にまわってみたい」と思ってもらうことは、エンターテインメントにたずさわる人間にとって大きな喜びのひとつに違いないからです。

二〇一六年八月

石川　祝男

[著者紹介]
石川祝男（いしかわ・しゅくお）
バンダイナムコホールディングス会長。
1955年、山口県生まれ。関西大学文学部卒。1978年、ナムコ（現バンダイナムコエンターテインメント）に入社。1989年に企画・開発した「ワニワニパニック」が大ヒットし、誰もが知るロングセラー商品となる。また、エグゼクティブ・プロデューサーとして担当した「アイドルマスター」も大ヒットを記録し、現在のアイドルコンテンツの人気の火付け役になるなど、活躍する。
2006年、ナムコとバンダイの経営統合で誕生したゲーム事業部門会社であるバンダイナムコゲームス（現バンダイナムコエンターテインメント）社長に就任。2009年にはバンダイナムコホールディングス代表取締役社長となる。300億円の赤字を計上していたバンダイナムコに、リスタートプランとして「IP軸戦略」を導入しV字回復を成し遂げると、2014年度には過去最高売上と過去最高益を更新。業界の内外を問わず話題になり、メディアでも大きく注目を集める。2015年よりバンダイナムコホールディングス代表取締役会長に就任、現職となる。

大ヒット連発のバンダイナムコが
大切にしているたった1つの考え方

2016年10月10日　初版印刷
2016年10月15日　初版発行

著　者　　石川祝男
発行人　　植木宣隆
発行所　　株式会社サンマーク出版
〒169-0075 東京都新宿区高田馬場2-16-11
電話 03-5272-3166
印　刷　　中央精版印刷株式会社
製　本　　株式会社若林製本工場

ISBN978-4-7631-3567-4 C0036

ホームページ　http://www.sunmark.co.jp
携帯サイト　http://www.sunmark.jp